小麦赤霉病

胡小平 著

西北农林科技大学出版社

图书在版编目(CIP)数据

小麦赤霉病 / 胡小平著. —杨凌:西北农林科技大学出版社,2017.12
ISBN 978 - 7 - 5683 - 0420 - 7

Ⅰ.①小… Ⅱ.①胡… Ⅲ.小麦 - 赤霉病 - 研究 Ⅳ.①S435.121.4

中国版本图书馆 CIP 数据核字(2017)第 317727 号

小麦赤霉病

胡小平 著

出版发行	西北农林科技大学出版社		
地　　址	陕西杨凌杨武路 3 号	邮　编	712100
电　　话	总编室:029 - 87093105	发行部:87093302	
电子邮箱	press0809@163.com		
印　　刷	北京京华虎彩印刷有限公司		
版　　次	2017 年 12 月第 1 版		
印　　次	2017 年 12 月第 1 次		
开　　本	787 mm × 1092 mm　　1/16		
印　　张	8.5		
字　　数	154 千字		

ISBN 978 - 7 - 5683 - 0420 - 7

定价:30.00 元

本书如有印装质量问题,请与本社联系

研 究 资 助

本著作是近 40 年来工作的总结,相关研究受到以下项目资助:

陕西省科技专项"小麦病虫害综合防控技术研究"(89K01 – G2、94K07 – G1、95K04 – G1)

陕西省农业科技创新与攻关项目"小麦赤霉病监测与预警技术研究"(2016NY –017)

陕西省农业科技创新与转化项目"小麦赤霉病远程预警技术研发与示范推广"(NYKJ – 2016 –02)

农业部"小麦赤霉病自动化田间监测预警技术与设备研发集成"项目

农业部全国农技推广服务中心项目"农作物病虫害疫情监测与防治 – 小麦赤霉病自动监测预报工具研究与试验示范"

前　言

　　小麦赤霉病是世界范围的大病害,也是我国小麦最重要的病害和主要防治对象。小麦赤霉病是由禾谷镰刀菌(*Fusarium graminearum*)和亚洲镰刀菌(*F. asiaticum*)等多种镰刀菌引起的一种流行性病害。该病过去一直是长江中下游麦区的常发病害,但为了提高小麦单产,20世纪70年代末至80年代初我国开始进行矮秆小麦品种培育并大面积推广,赤霉病一度成为黄淮麦区的主要病害。1985年小麦赤霉病在黄淮麦区大流行,仅河南省发生面积373万公顷(5 600万亩),损失小麦8.85亿公斤,同年,陕西省赤霉病发生面积43万公顷(640万亩),损失小麦2.19亿公斤。进入二十一世纪以来,随着全球气候变化和玉米秸秆还田和免耕技术的大面积推广,小麦赤霉病发生规律也发生了新的变化,已成为我国小麦主产区的主要流行性病害和防控对象,2012年全国小麦赤霉病大流行,涉及12个省(市),发生面积927万公顷(1.39亿亩)。2015年小麦赤霉病在我国再度大发生,发生面积611万公顷(9160万亩)。更为严重的是小麦赤霉病菌产生的脱氧雪腐镰刀菌烯醇(Deoxynivalenol, DON)、雪腐镰刀菌烯醇(Nivalenol, NIV)、伏马毒素(Fnmonisins, FB)、玉米赤霉烯酮(Zearalenone, ZEN)等多种毒素不仅会影响小麦品质安全,还会严重威胁人畜的生命健康。

　　现阶段存在的主要问题是抗病品种缺乏。除了苏麦3号、西农979等少数几个具有中等水平抗病性品种外,尚未发现更好的抗病品种或者资源。还存在赤霉病发生规律变化、预测手段复杂、预报准确率偏低、防控技术落后、病原菌易产生抗药性等问题,我们应着眼于小麦赤霉病的发生流行规律、精准测报和绿色防控技术,要加强抗病品种的培育,做好病害监测与预警工作,选择合适的药剂和防治技术,要时刻警惕赤霉病的危害,做好长期斗争的准备。

本书内容丰富，叙事明白，是农业技术人员、科研教学人员、农业管理人员和社会民众了解小麦赤霉病的基本知识和主要研究成果。书中有不当之处或者错误之处，敬请读者批评指正。

西北农林科技大学　胡小平

2017 年 10 月于杨凌

目　录

第一章 小麦赤霉病的症状及其造成的损失

1.1 症状

赤霉病是多种镰刀菌引起的一种流行性病害,在世界各小麦种植区,除比较干燥的区域外,都有赤霉病的发生与为害。在美国北部、加拿大南部、巴西、阿根廷、欧洲、日本、中国、东南亚等主要粮食产区发生严重(Xu and Nicholson,2009),其寄主范围包括小麦、大麦以及其他谷类作物,尤以小麦受害最为严重。发病麦穗有一个或者数个小穗枯黄,其上出现赭红色的粉状物,故名赤霉病。国外也称此病为"禾谷类镰孢菌穗枯病(Fusarial head-blight of cereals)"。

小麦赤霉病是小麦最重要的病害,主要症状是穗腐,又称麦穗枯、烂麦头、红麦头,也可引起苗枯、茎基腐、秆腐等症状。从小麦幼苗到抽穗期均可发生,其中穗腐危害最为严重。苗枯是由种子带菌或者土壤中病残体侵染幼苗所致,主要由种子带菌引起芽鞘、根鞘、根冠变黄褐色水浸状腐烂,并向根叶扩展,轻的生长衰弱,严重的幼苗枯死(图1-1)。茎基腐自幼苗出土至成熟都可以发生,植株基部组织受害后变褐腐烂(图1-2),严重时导致全株枯死,拔取病株时,常常从茎基腐烂部位断裂,一般发病率较轻,但2015—2017年在陕西渭南、河南南部发病较重,个别田块病株率高达50%以上,有时茎基部也产生蓝黑色子囊壳。穗腐是小麦扬花时,病菌侵染后在小穗和颖片上产生水浸状浅褐色斑,然后逐渐扩大至整个小穗,小穗枯黄,小穗发病后扩展至穗轴,使被害部位以上小穗形成枯白穗(图1-3),病穗从籽粒灌浆至乳熟期出现明显症状,初期病小穗颖片基部出现褐色水浸状病斑,后逐渐扩展到整个小穗,病小穗退绿发黄,空气潮湿时,颖片合缝处和小穗部产生粉红色霉层,为病原菌的分生孢子座和分生孢子(图1-4),受害小穗不结实或者病粒皱缩干瘪(图1-5),后期遇高湿多雨天气时,病小穗基部和颖片上聚生蓝黑色小颗粒,为病原菌的子囊壳。秆腐症状正常年份很少见,其症状多发生在小麦穗下第1、2节,初在叶鞘上出现水浸状褪绿斑,后扩展为淡褐色至红褐色不规则斑或者向茎内扩展,病情严重时,造成病部以上枯黄,有时不能抽穗或者抽出枯黄穗,小麦灌浆后期,从小麦发病部位以上死亡(图1-6)。湿度大时,病斑处产生粉红色胶状霉层,后期其上产生密集的蓝黑色小颗粒(病菌子囊壳)。在长江中下游冬麦区,大流行年份的小麦病穗率达50%～100%,产量损失20%～40%;中度流行年份病穗率30%～50%,产量损失10%～20%。此外,病粒中的粗蛋白含量降低,出粉率低,面粉湿面筋含量减少,商品价值低。病粒中含有的多种真菌毒素,可引起人、畜急性中毒。病籽粒发芽率很低,也不能作种用。小麦病粒的最大允许含量为4%。

此外,病菌还可以侵染水稻、玉米等作物,造成稻桩和玉米秸秆带菌,图1-7为密生子囊壳的玉米残秆。

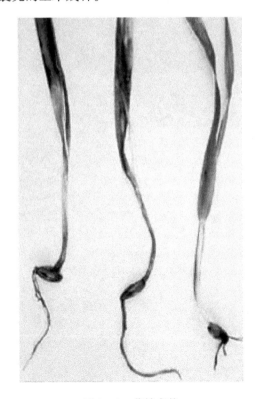

图1-1　苗枯症状

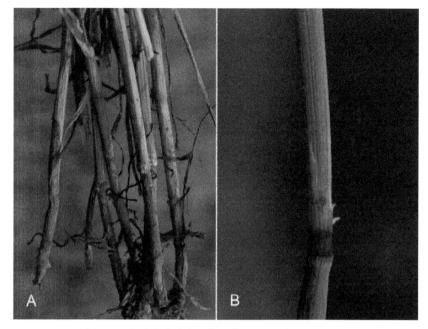

图 1 - 2　茎基腐病症状(陕西蒲城,2016 年 5 月 16 日)

A.茎基腐;B.茎基腐局部放大

图 1 - 3　枯白穗症状(陕西渭南,2015 年 5 月 18 日)

图1-4 穗腐(江苏太仓,2016年5月12日)

图1-5 赤霉病病籽粒(左)与健康籽粒(右)

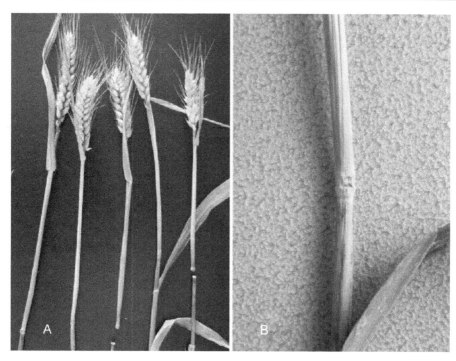

图 1-6　小麦赤霉病秆腐症状(王保通教授提供)

A. 穗下部 1、2 节发病；B. 茎节部产生粉红色霉层

图 1-7　玉米残秆上密生赤霉病菌子囊壳

1.2 产量及质量损失

我国小麦赤霉病发生频繁,分布广泛,危害极其严重。长江中下游麦区几乎每2~3年就有一次中度或大流行。我国最早由朱凤美(1936)提供的一份调查报告认为,武汉附近的小麦赤霉病病株率约为5%,长沙的约为20%。1936年,安徽宣城推广的2905号小麦因赤霉病损失高达95%(仇元,1952)。1937—1939年,在江西吉安、浙江杭州、江苏泰兴、安徽宣城及芜湖、南京市郊、湖北金口、贵州贵阳等地均有赤霉病为害的记录,严重者病穗率高达100%,轻者不及1%。1951年,仇元等在湖北省孝感调查小麦赤霉病,所选择的路线是从武昌起向北经孝感、云梦、安陆、平林、马坪、随县至花园,该地段约在北纬30度至32度之间,具有赤霉病的发生,且愈接近长江则病穗率愈多;在湖北港口区损失达80%,在双港区损失10%~20%,其中南大2419号小麦损失约50%,丽英4号损失约40%。同年,在浙江兰溪病穗率达80%~90%,皖南为10%~20%。当时对小麦赤霉病为害情况最生动的描写当推严际森1951年在湖北阳新的推广报告:"阳新农场去年由华东及武昌征集了金大2905、南大2419,以及丽英4号三种改良麦种,试行繁殖、播种以来,各阶段生长情况良好,一再获得当地群众的好评,自动向农场预约换种者极多,大有不推自广之势。不料五月间突然发生许多病害,其中以赤霉病为害最烈,仅数日之间,蔓延数千亩,其为害程度平均在60%以上。"可见当时受赤霉病为害之惨状。从1991年到2016年期间,在长江中下游地区小麦赤霉病共发生了4次大规模流行和9次中等规模流行。关中地区,小麦赤霉病曾于1958、1959、1963、1964、1972、1973、1975、1976、1985、1990、2012、2015年大流行,造成了巨大的产量损失(商鸿生等,1980;商鸿生等,1987;商鸿生等,1999;袁冬贞等,2017)。2012年,小麦赤霉病在我国长江中下游、江淮和黄淮等主产麦区爆发流行(表1-1),发生面积约1.4亿亩,其流行范围之广、发生面积之大、为害程度之重实属历史罕见(图1-8)。特别是2016年,小麦赤霉病在河南中南部局部历年轻发生地区偏重发生,造成了巨大的经济损失,应该引相关部门的起高度重视。

表 1-1 2012 年全国部分省(直辖市)小麦赤霉病发生情况

(曾娟和姜玉英,2013)

地区	发生程度	发生面积(万公顷)	小麦种植面积(万公顷)	发生面积比率(%)	平均病穗率(%)
安徽	5	170.3	239.9	71.0	9.6
江苏	5	153.9	212.6	72.4	10.8
湖北	4(5)	75.0	106.5	70.4	7.6
浙江	4	6.7	6.7	100.0	25.0
上海	4	5.3	5.3	100.0	14.7
河南	3	339.7	587.7	57.8	10.7
重庆	2	3.8	12.4	30.8	6.9
四川	2	11.4	128.1	8.9	3.4
山东	2	86.7	359.9	24.1	2.5
陕西	2	32.3	113.1	28.6	3.5
山西	2	14.0	68.0	20.6	6.0
河北	1	28.3	242.2	11.7	0.3

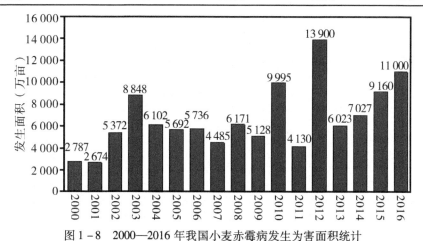

图 1-8 2000—2016 年我国小麦赤霉病发生为害面积统计

近年来,我国小麦赤霉病发生危害呈现以下特点:一是发生区域扩大(图 1-9)。该病历史上以长江中下游、江淮为常发区,常年发生面积在 267 万 ~ 333 万公顷(4 000 万 ~5 000 万亩)。2000 年以来,病害呈北扩西移态势,目前常发区已扩展到黄淮麦区,经防治后发生面积仍达 533 万公顷(8 000 万亩)以上(图 1-8)。二是重发频率上升。2010 年以来,常发区域持续呈重发态势,2012 年、2014 年、2015 年达大流行程度,年均实施预防控制面积 1333 万公顷

(2 亿亩)次以上,比 20 世纪末增加近 2 倍。三是危害损失加大。2010 年以来,年均造成产量损失 340.7 万吨,比 20 世纪 90 年代增加 2.66 倍,比 2000—2009 年增加 1.59 倍。其中,2012 年经全力防治仍造成损失达 820.6 万吨。四是毒素污染趋重。2010 年农业部对 10 个小麦主产省抽样检测,DON 毒素检出率 32.1%,超标率 12.9%;2012 年国家小麦产业技术体系病虫害防控研究室对江苏、安徽、河南、山东、湖北等省抽样检测,检出率达 83.2%,超标率为 31.2%;2015 年江苏、安徽农科院抽样检测,检出率分别为 97.2%、79.3%,超标率分别为 51.9%、41.8%。

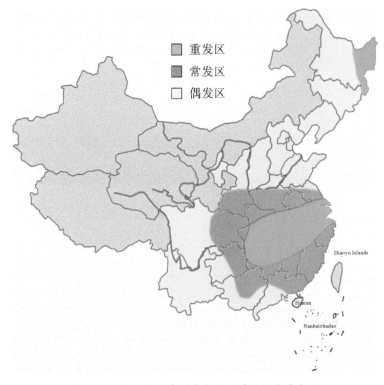

图 1-9　我国小麦赤霉病发生区域及程度分布图

　　小麦赤霉病不仅造成小麦产量降低,品质下降,病原菌产生的毒素对人畜生命健康造成严重威胁(Xu,2003;Xu and Nicholson,2009),严重影响小麦生产安全和食品安全。迄今为止,已发现感病麦粒中主要含有两大类真菌毒素:一类是单端孢霉烯族化合物(Trichothecenes),另一类是玉米赤霉烯酮类(Zearalenone,ZEN)。单端孢霉烯族化合物是一类倍半萜烯类化合物,已发现 70 余种,其中以脱氧雪腐镰刀醇(Deoxynivalenol,DON)毒性最强,是引起人畜中毒的最主要成分。DON 毒素化学性质稳定,受热不易分解,直接存留和积累在禾谷类籽粒中,病粒经过 4 年储藏仍然保持毒性,感病的家禽和奶牛饲料中积累的毒素能传递到肉、蛋和奶制品中。我国国家标准 GB 2716—2005《食品中真菌毒素限量》规定在食用小麦和玉米种 DON 毒素的允许量≤1 mg/kg,GB 20833—2007 规定猪饲料中 DON 毒素的限量为 1 mg/kg;联合国粮农组织规定食用粮食中 DON 毒素不得超过 1 mg/kg。调查发现,在我国南京市场上有75.7%的小麦食品中含有 DON 毒素,50%的样品中 DON 毒素含量超标,毒素浓度范围为 0.07～11 380 μg/kg(樊平声,2010);在阿根廷市场上有 92.8%的小麦食品中含有 DON 毒素,毒素浓度范围为 200～2 800 μg/kg(Resnik et al.,1997);在加拿大市场上有 43%的小麦食品中含有 DON 毒素,毒素浓度范围为9～4 060 μg/kg(Abouzied et al.,1991);在美国市场上小麦、燕麦等面包中DON 毒素浓度范围 1 600～5 400 μg/kg(Placinta et al.,1999);而在德国市场上面包含有毒素 DON 的样品占到 92%,毒素浓度在 15～690 μg/kg(Schollenberger et al.,2005)。因此,赤霉病真菌毒素污染引致的食品安全问题已经非常突出,严重威胁着人、畜健康。

要防治小麦赤霉病的发生,一要加强抗病品种的培育,做好病害监测与预警工作,选择合适的药剂和防治技术,二要时刻警惕赤霉病的危害,做好长期斗争的准备。

第二章 镰刀菌

众所周知,镰刀菌属(*Fusarium*)是真菌中一个庞大的家族。Wollenweber 和 Reinking(1935)曾根据大型分生孢子和厚垣孢子的有无,小型分生孢子及大型分生孢子性状,以及培养物形成色素的差别等特点来说明它们的系统发育和亲缘关系,从而建立了镰刀菌早期的分类体系,将镰刀菌划分为 16 个群、6 个亚群、65 个种、55 变种和 22 专化型。由于把种分得过细,且一些依据作为鉴定种的性状是不稳定的,因此,该分类系统在实际工作中是难于被接受的。拉依洛(1950)撰写的《镰刀菌真菌》(俄文版)是在 Wollenweber 分类系统基础上加以修订的。她把大型分生孢子的弯曲度和顶细胞的性状作为区分种的主要依据,结合在米饭培养基和 PDA 培养基上所产生的颜色,将镰刀菌分为 17 个组、55 个种、55 个变种和 61 个专化型。小型分生孢子在大多数场合下是单细胞的,少数具有 1~3 个分隔。卵圆形或者卵形,少数为球形、梨形或者纺锤形(图 2-1)。它们形成于气生菌丝体上,在分生孢子梗上作头状或者成串排列。大型分生孢子散生于气生菌丝体上或者生于分生孢子座、粘分生孢子团及假粘分生孢子团中。通常有 3~5 个分隔,少数有 6~9 个分隔,正常的无缢缩(图 2-1)。有各种形状的弯曲:椭圆形、抛物线形、双曲线形或者鳗形弯曲(图 2-2)。椭圆形的分生孢子(两端稍弯曲并且弯曲的程度相等)最为普遍。依据镰刀菌分生孢子顶端细胞的特征及狭细的程度可以将其分为以下几种基本类型:(1)顶端细胞稍狭细,钝而部分弯曲,如 *F. solani*;(2)顶端细胞稍狭细,钝而直,如 *F. argillaceum*;(3)顶端细胞短,突然稍微狭细,或仅缢缩,如 *F. culmorum*;(4)顶端细胞稍狭细,但为截形;(5)顶端细胞逐渐而均匀的狭细,圆锥形;(6)顶端细胞剧烈而显著的狭细,如 *F. scirpi*;(7)顶端细胞线形,如 *F. scirpi* var. *filiferum*;(8)顶端细胞剧烈狭细而弯曲,如 *F. caudatum*。

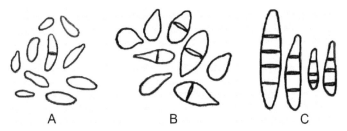

图 2-1 大型分生孢子的形状(拉依洛,1950)

A.卵圆形、卵形、长圆形;B.梨形、长梨形、球形;C.纺锤形

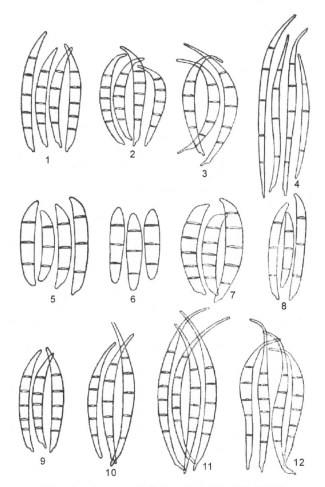

图 2-2 *Fusarium* 属各个种的大型分生孢子形状

1.椭圆弯曲;2.抛物线弯曲;3.双曲线弯曲;4.鳗形弯曲;5.具有稍狭细的钝而弯的顶端细胞的分生孢子;6.具有稍狭细的钝而直的顶端细胞的分生孢子;7.突然稍狭细;8.稍狭细,长而截形;9.逐渐而均匀狭细(圆锥形);10.剧烈而尖锐的狭细;11.线形;12.剧烈狭细而弯曲

　　气生菌丝体中的大型分生孢子长在不分枝的、稍分枝的或多分枝的分生孢子梗上(图2－3)。

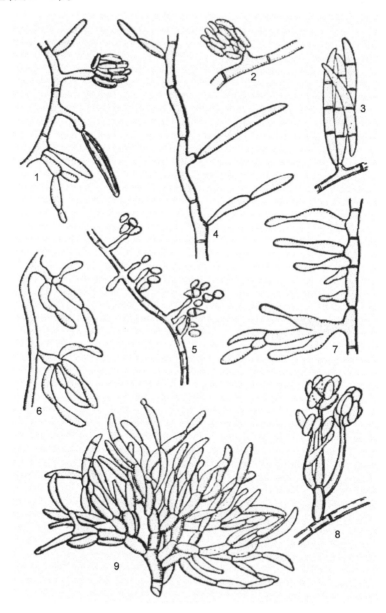

图2－3　*Fusarium* 属各个种的分生孢子梗

1~4.不分枝的简单分生孢子梗;5~8.弱分枝;9.繁复分枝

　　1971年,Booth博士撰写的专著《镰刀菌属》是当今镰刀菌研究与鉴定工作中一部难得的工具书,这本书是在他在英国联邦真菌研究所15年从事镰刀菌研究工作的基础上撰写而成的。所建立的分类系统也是依据 Wollenweber 的系统而建立的,他重视菌株的变异性,提出了单孢子分离纯化、规格化的标准培养基和标准化的环境做菌株的培养鉴定,依据分生孢子梗和分生孢子形态以及有性世代作为分类标准,性状是比较可靠的。但有时对于一些菌株的区分仍显不够,因此在鉴定时还常常要采用大型分生孢子体积、菌落色素等性状作为辅助。Booth 分类体系将镰刀菌划分为12个组、50个种和变种、101个专化型。

　　镰刀菌普遍存在于土壤及动、植物有机体内。在地理分布上及其广泛,一些种、变种、专化型是引致多种植物病害的病原菌,造成许多植物病害,甚至摧毁某些地区的作物生产,如引起小麦苗枯、茎基腐、根腐、穗腐等病害的病原菌多数为镰刀菌。

　　Atanasoff (1920)列举出了11可以侵染禾谷类作物的镰刀菌(图2-4),但他认为玉米赤霉 *Gibberella. zeae* 是最为普遍和重要的病原菌。仇元(1951)用紫外线照射这11种镰刀菌,其中有10个可以产生子囊壳,是玉米赤霉 *G. zeae*。Dickson(1947)研究认为与禾谷类作物穗枯有关的镰刀菌甚多,其中最常见的有玉米赤霉 *G. zeae*、黄色镰刀菌 *F. culmorum* 和燕麦镰刀菌 *F. avenaceum*。

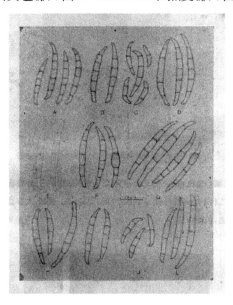

图2-4　Atanasoff(1920)列举出了11种可以侵染禾谷类作物的镰刀菌形态

A、B、D、E、F、G、H、I、J、L均为 *G. zeae*;C 为 *Fusarium* sp.

引起赤霉病的主要病原菌为禾谷镰刀菌 *F. graminearum*（图 2 - 5），半知菌亚门镰刀属；有性态为玉米赤霉 *G. zeae*，子囊菌亚门赤霉属（图 2 - 6）。亚洲镰刀菌 *F. asiaticum*、假禾谷镰刀菌 *F. pseudograminearum*、黄色镰刀菌 *F. culmorum*、木贼镰刀菌 *F. equiseti*、轮枝镰刀菌 *F. verticillioids*、燕麦镰刀菌 *F. avenaceum*、串珠镰刀菌 *F. moniliforme*、弯角镰刀菌 *F. camptocera* 等均可以引起赤霉病（O'Donnell et al. , 2004），这些菌株的形态特征见表 2 - 1。在欧洲，冷凉海洋性气候区的穗腐病害是由 *F. culmorum* 和 *F. avenaceum* 引起的，而在温暖大陆性气候区的穗腐病是由 *F. graminearum* 引起的（Schilling et al. , 1997）。在我国以禾谷镰刀菌和亚洲镰刀菌为主，其中长江中下游地区以亚洲镰孢菌为主，黄淮流域及以北地区以禾谷镰孢菌为主（Zhang et al. , 2007）。玉米赤霉 *G. zeae* 的寄主极其广泛，可以侵染小麦、大麦、燕麦、黑麦、玉米、高粱、水稻等多种禾本科作物和草类，引致穗枯、苗腐、根腐、茎基腐等症状。Dickson（1947）在《Disease of Field Crops》一书中描述了 *G. zeae* 引致的主要农作物病害种类（表2 - 2）。

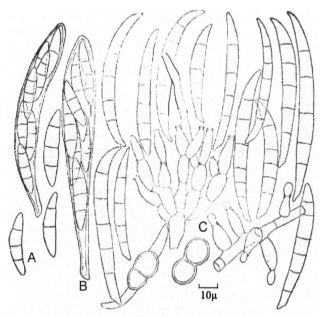

图 2 - 5　禾谷镰刀菌 *Fusarium graminearum*（有性态为玉米赤霉菌 *G. zeae*）

A.寄主上的子囊和子囊孢子；B.培养中的子囊和子囊孢子；C.分生孢子和分生孢子梗

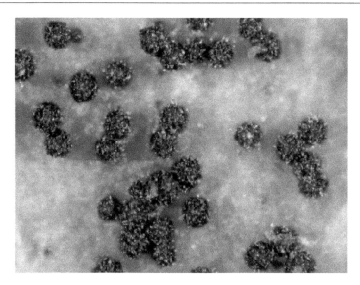

图 2 - 6　小麦赤霉菌 *G. zeae* 的子囊壳

表 2 - 1　Btrichothecene 组中产毒素类镰刀菌种的分生孢子形态特征

Species	Width of s – septate conidia (average value in μm)	Longitudinal axis of conidia	Narrow apical beak (+ / –)	Upper and lower half of conidia	Widest region of conidia	Conidial morphology[b]
F. austroamericanum	<4.5	Typically straight	+ / –	Asymmetric	Midregion	
F. meridonale	<4.5	Gradually curved	+	Mostly symmetric	Midregion	
F. boothii	<4.5	Gradually curved	+	Mostly symmetric	Midregion	
F. mesoamericanum	4 – 4.5	Typically straight	–	Asymmetric	Above midregion	
F. acaciae – mearnsii	4.5 – 5	Gradually curved	+	Mostly symmetric	Below midregion	

Species	Width of s-septate conidia (average value in μm)	Longitudinal axis of conidia	Narrow apical beak (+/-)	Upper and lower half of conidia	Widest region of conidia	Conidial morphology[b]
F. asiaticum	4.5-5	Gradually curved	-	Asymmetric	Above midregion	
F. graminearum	4.5-5	Gradually curved	-	Asymmetric	Below midregion	
F. coraderiae	4.5-5	Straight or gradually curved	+	Asymmetric	Below midregion	
F. brasilicum	4.5-5	Straight or gradually curved	+	Asymmetric	Midregion	
F. lunulosporum	<4.5	Curved	+	Asymmetric	Midregion	
F. pseudograminearum	4-4.5	Curved	+	Asymmetric	Midregion	
F. cerealis	<4.5	Curved	+	Asymmetric	Midregion	
F. culmorum	>5	Curved	+	Asymmetric	Midregion	

b除了 *F. graminearum*(NRRL 31084), *F. cerealis*(NRRL 13721)和 *F. culmorum*(NRRL 3288)外,所有的分生孢子均是根据模式菌株在 SNA 培养基 25℃黑暗条件下培养的形态绘制的。

表 2-2　*G. zeae* 引致农作物病害一览表

（摘自 Dickson 的大田作物病害，1947）

作物名称	穗枯 Scab head blight	粒枯 Kernel blight	粒腐 Kernel rot	茎腐 Stalk rot	脚腐 Foot rot	基腐 Crown and basal rot	幼苗皮腐 Seedling cortical lesion	苗枯 Seedling blight	穗腐 Ear rot	备注 原文
大麦	*				*	*	*	*		
玉米			*	*				*	*	
小麦	*				*			*		
燕麦		*			*			*		
水稻		*						*		
黑麦	*									
高粱					*			*		
草						*		*		

　　镰刀菌属真菌的厚垣孢子形成于菌丝及分生孢子中（图 2-7 中 1、2），通常为圆形或者卵圆形，壁光滑或者有齿状突起；绝大多数无色，少数为赭色、赭-肉桂色、肉桂色；生于末端或者中间。末端厚垣孢子单生，或集合成团（图 2-7 中 3）。在有些镰刀菌中，兼有末端及中间生厚垣孢子，此等厚垣孢子单生或者两个相连（图 2-7 中 4、5），或者成相当长的串珠状（图 2-7 中 6、7、8），亦可成结节状（图 2-7 中 9）。镰刀菌的厚垣孢子在 PDA 培养基上最容易形成厚垣孢子。

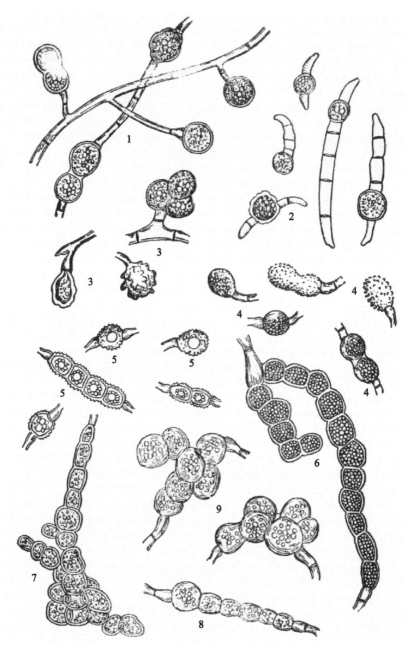

图 2 - 7　厚垣孢子

1. 菌丝中的厚垣孢子;2. 分生孢子中的厚垣孢子;3. 顶端生厚垣孢子;4. 菌丝中单生或者双生的顶端生及中间生的厚垣孢子;5. 顶端生的及中间生的一至数细胞所形成的短串;6~8. 成串的中间生厚垣孢子;9. 中间生的成串的及成团的厚垣孢子

　　孢子形态在镰刀菌属的分类鉴定中是最主要的特征。孢子可以是单生小梗或者多生小梗上的粘孢子或者内生的芽孢子,或者是在休眠期的各种类型的厚垣孢子。分生孢子可能具有 0 ~ 1 个分隔,梨形、纺锤形以至卵形,孢体直形或弯曲,大型分生孢子具有 0 ~ 10 个或者更多的分隔。多年来,镰刀菌属中的产孢细胞被认为是瓶状小梗,大型和小型分生孢子的形态被作为鉴定"种"和分类的依据。黄色镰刀菌 *F. culmorum* 一般不产生小型分生孢子,如果将其大型分生孢子置于不利条件下萌发,则可能产生小型分生孢子。在一些镰刀菌中芽生孢子的存在,可能代表着原始的生存性状,而在以后的系统发育中,转变为生成两种分生孢子的形态。芽生孢子可以借助空气传播,这些芽生孢子可能在梗孢子形成之前产生,或者与梗孢子同时产生和存在。在拟枝孢镰刀菌 *F. sporotrichioides* 和镰状镰刀菌 *F. fusarioides* 中,芽孢子以小型分生孢子的形态存在,而在半裸镰刀菌 *F. semitectum* 和燕麦镰刀菌 *F. avenaceum* 中,则以大型分生孢子的形态存在。当小型分生孢子成串形成时,很容易用低倍显微镜在打开的培养皿中看到。区分多隔镰刀菌 *F. decomcellulare* 和串珠镰刀菌 *F. moniliforme* 并不困难,因为只有这两个种它们的小型分生孢子是成串生长的。这种成串生长的分生孢子的存在,对于分类鉴定是一个有用而简便的方法,可以在早期把尖孢镰刀菌 *F. oxysporum* 和串珠镰刀菌 *F. moniliforme* 区分开来。产生芽孢子的种,也可以在低倍显微镜下观察予以区分,因为它们产生干燥的孢子,并在培养基上形成粉状的外观。

　　镰刀菌的许多种可以产生子座的瘤状突起,这些可能是初期的子囊壳,或者以后发育成为真正的分生孢子梗座(sporodochium),分生孢子梗座是一个产果器官,是由一垫状物支持的聚合而短小的分生孢子梗,以支持分生孢子团的子实体。而一些生长缓慢的种具有粘孢团的分生孢子梗座。粘孢团这一名词是 Fries(1849)提出来的,用以描述那些产生多脂肪的或者含脂肪的大量孢子的镰刀菌种。Sherbakoff(1915)研究认为,有一些镰刀菌的种靠基质表面产生很小的菌核而不产生任何子座,当这些分生孢子梗座产生孢子时,它们形成一个连续的黏层,他把这一类的产果器官称为假粘质团(pseudopionnotes),虽然更适合的名称应该是黏孢团分生孢子梗座。

　　色素不仅仅只是个副产品,正如 Mull 和 Nord(1944)所证明的,它具有有机体酶的活性。色素最早是由 Bessey 于 1904 年进行了大量的研究和分离。1934—1940 年间,Raistrick 教授和他的同事们在伦敦卫生及热带医药学校对镰刀菌色素做了大量研究工作,他们对黄色镰刀菌 *F. culmorum* 色素的提取和分析是比较有名的。他们划分了三种色素,即玫瑰镰刀菌素(rubofusaruin, $C_{15}H_{12}O_5$)、金色镰刀菌素(aurofusarin, $C_{30}H_{20}O_{12}$)和黄色镰刀菌素(culmorin, $C_{15}H_{26}O_2$)。其他色素如爪哇镰刀菌素(javanicin)、簇镰刀菌素(bostrycoidin)、茄类镰刀菌素(solanione)和番茄镰刀菌素(lycopersin)都是从茄类镰刀菌和尖孢镰刀菌中分离出来的。这些镰刀菌色素通常是萘醌化合物。Benada(1963)利用色层分析发现,在雪腐镰刀菌 *F. nivale* 菌丝体的色素中含有橙、红、黄和两种洋红的成分,这些色素存在提供了一种与其他禾谷类镰刀菌如黄色镰刀菌 *F. culmorum*、燕麦镰刀菌 *F. avenaceum* 以及禾谷镰刀菌 *F. graminearum* 快速区别的方法。

Appel 和 Wollenweber(1910)建立了用来描述菌株发育各个阶段的名词:

(1)正常培养。该种的所有各类型的孢子均有,并且它们的提交大小是典型的。

(2)异常培养。通常在人工培养基上经过长期培养之后,处于退化状态,孢子变小,性状和分隔也表现异常。

(3)幼培养。通常在培养 1~5 d 分生孢子刚刚产生时,表现或多或少地有些肿胀,并有密集的颗粒状的内含物,分隔不清楚。

(4)成熟培养。在幼培养期之后,当菌株处于最适条件下,可供鉴定研究。

(5)老化培养。老化的菌株,分生孢子开始退化、自溶,菌株丧失其生活力。

2.1 禾谷镰刀菌(*Fusarium graminearum*)

玉米赤霉〔G. zeae (Schw.) Petch.〕的无性阶段

Petch(1936)之后,以 Schweinitz 于 1824 年送给 Hooker 的玉米赤霉(*G. zeae*)标本鉴定的子囊阶段为基础,被当作一个正确的命名为人们所接受。Shear 和 Stevens(1935)则声称,在费拉德尔菲亚的士契温尼兹蜡叶标本馆中,没有保存这些采集物。小麦赤霉(*G. saubinetii*)作为禾谷镰刀菌子囊壳阶段的名称,是屡见不鲜的,是以小麦赤霉(*G. saubinetii* Mont.)为基础,而这个命名是深蓝赤霉〔*G. cyanogena* (Desm.) Sacc.〕的同义词。

在 PDA 培养基上培养 5 d,长成灰红色或青黑红色至深红色,常变为带棕色的葡萄紫色。但这些培养物也可能散射生长为灰黄色至白色。气生菌丝丛卷毛状,当离开培养基时,生长为白色,最后则带有棕色。培养物的这些表现,在很大程度上依赖于培养基和培养基的酸度。培养在马铃薯、胡萝卜培养基上的同一种分离物,则是无色的,菌丝体生长稀疏,而在麦芽琼脂培养基上,则出现深红色,并生有致密的菌丝体。Popescu(1966)指出,在玉米粉琼脂培养基上,pH 5 ~ 6.6 之间生长良好,在 pH 8.0 时则开始减弱。

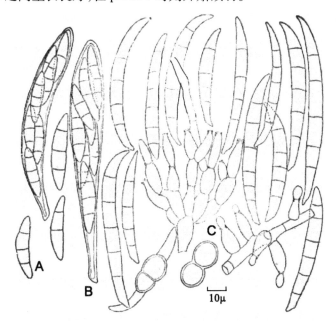

图 2 - 8　禾谷镰刀菌(*Fusarium graminearum*)

(玉米赤霉 *G. zeae*)

A.寄主上的子囊和子囊孢子;B.培养中的子囊和子囊孢子;C.分生孢子和分生孢子梗

如 Ullstrup(1964)所报道的,曾发现这个种有不产生色素的类型。就是说,产生一些白色的培养物,尽管并不十分普遍。而在形态学和致病性方面,与亲代相同,通常情况下只形成大型分生孢子,但稀少,时间上可能推迟到再次培养 10 d 以后。

Cappellini 和 Peterson(1965)使用含有羧甲基纤维素的商业液体培养基,在淹没、振荡培养中,可以明显地促进孢子的形成。

在固体培养基和液体培养基上生长最适条件为 24～26℃、pH 6.7～7.2。大型分生孢子自单生的、几乎是球形的侧生瓶状小梗上或自多分枝的分生孢子梗，其顶端为桶状的瓶状小梗上形成，大小为 10～14 μm×3.0～4.5 μm。在第一个分生孢子形成之后，分生孢子梗由于向一些瓶状小梗顶端方向生长，形成再育，产生一系列新的瓶状小梗，这些分生孢子梗聚集在分生孢子座上。分生孢子自镰形、有或无伸长的顶细胞至镰刀状或具有明显腹背以及一个十分明显的足细胞。某些株系具有很明显的小梗。分隔十分清晰。因孢子体积不同而有 3～7 隔的变化(图 2-8)。

3～4 分隔:25～40 μm×2.5～4 μm

5～7 分隔:48～50 μm×3～3.5 μm

(范围:35～62 μm×2.5～5 μm)

在较老的培养中，分生孢子通常变短，稍宽，其顶端及基部的细胞变直或弯曲。通常为 3 个分隔，20～30 μm×3～5 μm。可以见到菌丝体基部的细胞膨胀，这可能是最初的子座。厚垣孢子间生、单生或成串，偶尔成块，球形，厚壁，淡色至浅棕色，外壁光滑或稍粗糙，量度为 10～12 μm。许多株系在标准培养基上不产生厚垣孢子。

从采自世界范围的材料所做的 30 次单独分离看，只有在马铃薯、胡萝卜，马铃薯、蔗糖、燕麦粉和麦芽、琼脂培养基上于 10 周后形成厚垣孢子，但没有发现在菌丝体上形成厚垣孢子。厚垣孢子球形或双胞，直径为 8～10 μm。在大型分生孢子细胞上形成的厚垣孢子，量度为 14～18 μm×8～10 μm。

在培养中有一种明显的倾向，就是丧失产生分生孢子的能力，这也许是由于群体传递而得以保持。如果是从单孢子分离的培养物，则有可能选择生成孢子的株系才能够保留下去，这些事实显示一种倾向，即菌丝体的丧失，或是由于突变，或是由于退化，培养物的表面被一层黏液状的红棕色至橘红色的、自粘分生孢子团子座上或由培养基表面生成的稀疏菌丝体上长出的短侧生瓶状小梗上形成的短小和不正常的分生孢子群体所覆盖。

在自然界中，子囊壳出现在范围甚广的禾谷类寄主植物上，表面生长或簇生于下部节的周围，或在被侵染的茎基部而不为人们所易发现的小的子座上。子囊壳卵形，壁上具有十分粗糙的瘤状突起。干燥后，由于侧面塌陷而产生不同程度的变异。其直径为 $140 \sim 250$ μm。具有外子座壁,宽为 $17 \sim 31$ μm,由 $5 \sim 12$ μm × $1.5 \sim 1.3$ μm 的球形细胞所组成。内子囊腔直径的变化幅度为 $90 \sim 150$ μm。

子囊棍棒形,具有短柄及薄而均匀一致的壁,量度为 $60 \sim 85$ μm × $8 \sim 11$ μm,内有 8 个或偶尔 $4 \sim 6$ 个二列斜生或单列的子囊孢子(图 2 – 8)。

子囊孢子透明,或偶尔呈现淡棕色,弯曲似纺锤状,端部钝圆,$0 \sim 1$ 个分隔,有时具 3 个分隔,$19 \sim 24$ μm × $3 \sim 4$($17 \sim 25.5$ μm × $3 \sim 5$)μm。

虽然曾经发现过异宗配合的菌系,但这个种通常是同宗配合的。同宗配合的株系在三角瓶中麦秆上培养的单孢菌系能够产生子囊壳。不过,如果在三角瓶培养中接种来自两个单孢系的培养物,则子囊壳形成的数量可以增加。当某些分离物以"+"性菌丝和"–"性菌丝在适宜条件下进行杂交以产生子囊壳时,有些菌系则表现丧失形成子囊壳的能力。培养基对形成子囊壳的影响也是十分明显的。在弱培养基上,如马铃薯、胡萝卜、琼脂培养基,子囊壳的形成是茂盛的;而在营养丰富的培养基上,如燕麦粉或麦芽、琼脂培养基,则不形成子囊壳。

在禾谷类作物上和其他禾谷类植物寄主上,这个种的寄生表现了明显的优势。也有报道认为这个种具有广泛的寄主范围,如咖啡属(*Coffea*)、番茄属(*Lycopersicon*)、豌豆属(*Pisum*)、枳属(*Trifolium*)和茄属(*Solanum*)等多种植物。Boothroyd(1960)指出:这种菌可以从玉米上传至番茄,也可以自番茄上传至玉米。无疑,在许多禾谷类寄主以外所发现该菌的报道,是根据实践中把小麦赤霉当作玉米赤霉的同义词而得到的结论。

病害:在小麦上,造成苗枯病、种苗出土前和出土后的枯萎病、根腐或基腐病、秆腐病、穗枯或籽粒疫病(疮痂病或穗部赤霉)。在玉米上,可以造成苗枯、穗腐、根腐、茎腐、穗轴腐烂病等。在大麦和燕麦上,可造成褐腐病、茎秆腐烂和穗枯病。在德国曾有报道该菌可以造成燕麦的叶斑病。

Cook(19693)研究了不同苗枯病之间的区别。他发现,在通常情况下用种子接菌,可以造成苗枯,而土壤带菌或植物体中残留病原则造成根部或基部的腐烂。Radulescu 和 Negru(1965)曾阐明,禾谷镰刀菌的存在,能完全抑制玉米、燕麦、大麦、甘薯和驴喜豆等作物种子的萌发。

禾谷镰刀菌常造成小麦苗枯、茎基腐、穗枯和秆腐病,通常称之为赤霉病。在世界上多湿气候的小麦种植区,它们常常是一种严重的病害。当被侵染的种粒用来作为种子,常因作物减产、品质低劣、苗枯等造成生产上的损失。食用受病的种粒,还可引起中毒,Andersen(1948)、Butler(1961)以及 Schroeder 和Christensen(1963)在这方面有过广泛的评述。

在昆士兰(岛),Purss(1969)发现有明显的迹象,该菌至少存在有两个致病类型。其中的一个仅仅侵染玉米,而另外一个则可以侵染小麦、大麦、燕麦等植物而引起冠腐病。Mcknight 和 Hart(1966)在昆士兰对发生在小麦上的这种病害进行了研究,发现在黏重土壤和低洼地区发病尤为严重,而经过休闲和轮作的土地,可以使病害减轻。在土壤严重带菌的情况下,种子处理是没有用的。

小麦对于该病有两种抵抗侵染的类型——对最初侵染的抵抗和在植物体内对病原菌扩展的抵抗。在玉米的抗病杂交种里,不同的植物补体可以大量产生经常分析到的 6-甲(基)氧苯-χ 唑啉酮(MBOA),由于这种化合物在寄主植物体内酶类的作用下受到破坏而产生抗病性,这种事实甚至比它本身更具重要意义。

这个种广泛地分布在世界范围内热带地区种植的玉米和水稻上,温带地区的小麦、燕麦、大麦和黑麦上。在非洲、澳大利亚、中国、欧洲、印度、日本、朝鲜、新西兰、北美洲和南美洲以及苏联常有报道。

病害的传播可能是由于种植了带菌的种子,或将种子种植在被病菌污染的土壤里。在法国,主要采用种子消毒的方法来防止病害的传播和扩展。

许多报道中提到(Andersen,1948;Butler,1961;Schroeder 和 Christensen,1963;刘馨,2012),由于喂食带有赤霉菌的谷粒而使牛、猪和家禽中毒。Mirocha等(1967)报道,该菌中含有雌性激素物质,毒性可以影响子代。2007 年,Binder等人对亚太地区采集的 1 290 份代表性样品分析发现,DON 的检出率达 71%,其中毒素含量最高的样品来自中国的小麦,其 DON 含量为 18.99 mg/kg,超标18 倍(Binder et al. ,2007)。2008 年 12 月至 2009 年 5 月,江苏农科院樊平声和安徽农科院张勇等人对南京市场上随机抽取的 74 份小麦食品(包括方便面、饼干、面包和蛋糕等)中 DON 毒素的含量进行了测定,结果发现有 37 份样品中DON 的含量高于 1 mg/kg 的限量标准,产自福建、上海、广东、浙江、安徽、江苏和河北的小麦食品中 DON 毒素含量的平均值分别为 2.12、2.39、3.50、1.86、1.72、1.22、1.55 mg/kg,均超过 1 mg/kg 的限量标准(樊平声,2010)。

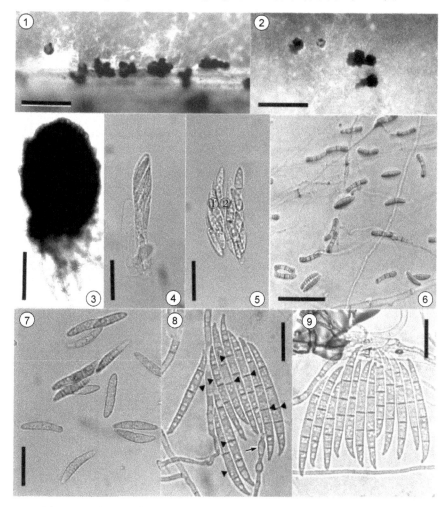

图 2 - 9　禾谷镰刀菌 *Fusarium graminearum*（Aoki and O'Donnell, 1999）

1、2. Perithecial production on a rice stem and the agar surface;3. Enlargement of a perithecium;4、5. Asci with immature（4）and mature（5）ascospores;6、7. Septate mature ascospores discharged on the agar surface, some of which are germinating（6）;8、9. Sporodochial conidia formed on SNA, Black trangles in 8 indicate widest position of each conidium, Arrow in 8 indicates percurrently – proliferating phialide;Scale bars: 1、2 = 1 mm; 3 =100μm;4、5、7 ~ 9 = 20 μm; 6 =50 μm.

在 PDA 培养基上,25℃黑暗条件下生长速度快,气生菌丝旺盛,棉絮状,较密,生长初期菌丝颜色为白色,呈放射状,随着培养时间的增加,在培养基上形成桃红色或深洋红色色素,菌丝颜色逐渐变为淡黄色或者玫瑰红色,向上生长至皿顶,有时中央有黄色菌丝区,菌丝成簇直立生长,有些菌株可产生放射形角变。在 CLA 培养基中培养 15 d 左右,可产生大量的大型分生孢子,不产生小型分生孢子,其大型分生孢子为镰刀型,相对较直且细长,一般为 5~6 个隔膜,分隔明显(图 2－9)。

2.2 假禾谷镰刀菌(*Fusariam pseudograminearum*)

在 20 世纪 60 年代,基于形态学特征和培养性状,研究发现 *F. graminearum* 中存在两种不同的类群 Group1 和 Group2,Group2 属于同宗配合,在自然界可以产生子囊壳,在 CLA、PDA 以及培养在烧瓶中的无菌小麦秆上均可以产生子囊壳,Group1 属于异宗配合,在这些条件下一般不产生子囊壳,在自然界中也不产生子囊壳;Group2 在玉米、御谷和康乃馨等寄主上很容易产生子囊壳,而 Group1 却很少发现能产生大量的子囊壳。此外,Group1 主要引起小麦和其他禾本科作物的茎基腐病和根腐病,而 Group2 主要是空中传播,主要引起玉米茎基腐病和小麦赤霉病。Group1 产生玉米烯酮(Zearalenone)的量是 Group2 的 3~4倍。Group1 接种在土壤中时致病力最强,而 Group2 接种在植物的地上部分时致病力最强。因为有不育或者退化的 Group1 菌株存在,所以不能通过是否产生子囊壳来区分 Group1 和 Group2,二者也不能通过菌落形态来区分,但可以通过 3 个或者 5 个隔膜的大型分生孢子的形态来区分它们。Group1 和 Group2 大型分生孢子的最宽处所在的位置不一样,前者在孢子的最中间,后者在距离孢子尖端的 1/3 或 2/5 处,如具有 3 个分隔的大型分子孢子,其最宽处就在第 1 和第 2 个分隔之间,对于 5 个分隔的大型分生孢子,其最宽处在第 2 个分隔和第 3 个分隔之间,Group1 大型分生孢子的宽度总是表现出从最中间的隔膜或者中央区对称地减少。通过对 Group1 菌株的 β－tubulin 基因进行分析,发现 Group1 确实是一个特殊的种,因此将其命名为 *F. pseudograminearum* sp. nov.(Aoki and O'Donnell,1999)。2016—2017 年,我们从陕西三原县、蒲城县、富平县和华阴市采集小麦茎基腐病标样 184 份,共分离获得 151 个分离物,经 Koch's 试验、形态学并结合 ITS 测序,确认陕西关中引致小麦茎基腐病的主要病原菌是假禾谷镰刀菌 *F. pseudograminearum*。

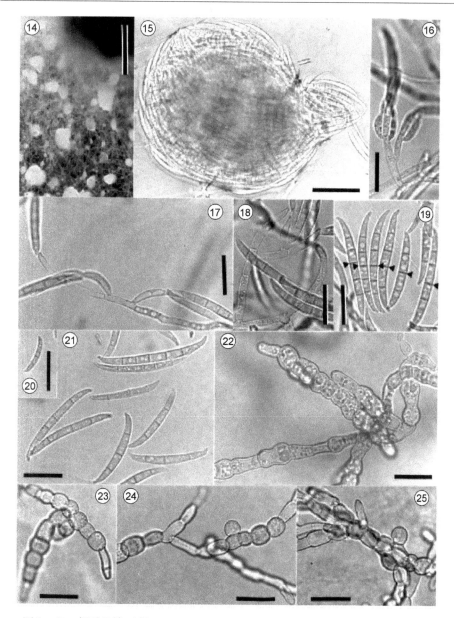

图 2 - 10 假禾谷镰刀菌 *Fusarium pseudograminearum*(Aoki and O'Donnell, 1999)

14. Conidial masses produced from conidiophores formed directly on aerial hyphae in LCA culture with rice stems (NRRL 28337);15. Sporodochia formed on SNA (NRRL 13821);16 ~ 18. Phialideds produceing conidia on branched and un branched conidiophores (NRRL 28062);19 ~ 21. Sporodochial conidia (NRRL 28062), Black trangles in FIG. 19 indicate widest position of each conidium;22 ~ 25. Chlamydospores on soil extract agar representing various developmental stages (NRRL 28331). Scale bars: 14 = 1 mm;15 = 50 μm;16 ~ 25 = 20 μm.

图 2 - 11　亚洲镰刀菌 *Fusarium asiaticum* 及其引起的玉米穗腐病(Kawakami et al. ,2015)

a. White to pink mold on naturally infected ears in the filed. b. Colony of isolate AS2 grown on PDA at 25 °C in the dark for 14 days；c ~ h. Morphology of the pathogen（AS2）cultured on CLA；e ~ h. Light micrographs of isolates stained with lactophenol cotton blue；c, d. Perithecium with ascospores emerging from the ostiolum；e. Asci containing immature ascospores；f. Three - septate ascospores；g. Five - septate conidium；h. Chlamydospores；i. Reproduction of natural symptoms after inoculation with isolate AS2；j. Control. Redarrows toothpick puncture site.

在 PDA 培养基上,25℃黑暗条件下,生长速度快,气生菌丝密集,绒毛状,通常为白色或浅粉红色,菌丝可沿着皿壁长满整个培养皿,随着培养时间的增加,在培养基中会形成红色色素,培养基背面为洋红色或者深红色,菌丝一般不成簇生长,有时菌落中央也会有黄色的菌丝区,外围菌丝为白色或者粉白色。其大型分生孢子细长且比较直,有的稍微弯曲,通常是 5~6 个隔膜,一般不产生小分生孢子(图 2-10)。

2.3 亚洲镰刀菌(*Fusarirm asiaticum*)

室温黑光灯(波长 300~450 nm)下,将亚洲镰孢菌 Fusarirm asiaticum 接种在康乃馨培养基(carnation leaf agar,CLA)上,可以产生子囊壳、大孢子和厚垣孢子(图 2-11)。子囊壳黑色具孔的近球形(236~290 μm×209~267 μm),子囊透明棒状(61~79 μm×8~13 μm),含有 8 个子囊孢子,子囊孢子透明梭形(16~26 μm×3~5 μm),具 1~3 个隔。大孢子呈透明镰刀形,有单个足细胞,3~5 个隔,大小为 33~43 μm ×4~5 μm。亚洲镰孢菌在 PDA 培养基上生长的最佳条件是 10~35℃黑暗培养。小孢子罕见。

2.4 黄色镰刀菌(*Fusarirm culmorum*)

黄色纺锤孢(*Fusisporium culmorum* W. G. Smith)

单个分生孢子生长迅速,并很快产生丛卷毛状的气生菌丝。在培养 2~3 d 之后,菌丝体顶端变为黄色,并很快地扩展到整个菌落。与此同时,在培养基的表面产生红色色素,这些色素可以扩散到培养基里面,最后变成红棕色。色素的变化,在酸性培养基中由金黄色变成亮胭脂红色,而在碱性培养基中,则变为红色以至紫色。Ashley 等(1937)发现该菌有两种色素,并取名为玫瑰镰刀菌素(rubrofusarin)和亚金镰刀菌素(aurofusarin)。

不产生小型分生孢子,但大型分生孢子在培养几天后生长丰茂。它们最初在瓶状小梗上形成,着生于气生菌丝上松散、分枝的分生孢子梗上,以后这些瓶状小梗被分生孢子座所限制。其长度为 15~20 μm,基部宽为 5 μm。分生孢子座常被气生菌丝挤压而成为粘分生孢子团。成熟的大型分生孢子有 3~5 个分隔,稍弯曲,背腹面明显地隆起,足细胞显著(图 2-12)。

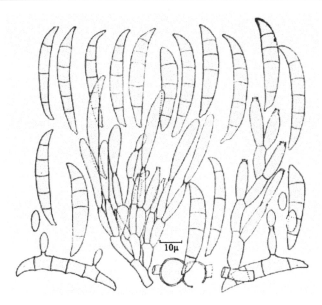

图 2 - 12　黄色镰刀菌 *Fusarium culmorum* 的分生孢子和分生孢子梗

3 分隔：26 ~ 36 μm × 4 ~ 6 μm

5 分隔：34 ~ 50 μm × 5 ~ 7 μm

厚垣孢子卵形至球形,通常为间生,偶尔也可以顶生;壁光滑至粗糙,10 ~ 14 μm × 9 ~ 12 μm,单独形成或呈链状或簇生。

培养基上大型分生孢子团块形成以后,其中的一些大型分生孢子开始在原位置上萌发,并形成侧生瓶状小梗;瓶状小梗依次产生小的、圆形无分隔的分生孢子,以至产生大型分生孢子。前者可能混杂有真正的小型分生孢子,但无论如何,大型分生孢子可以变为供萌发活动的一种相应的基质,形成一般菌丝的原基。黄色镰刀菌是镰刀菌属中一个甚为稳定和一致的种,只是偶尔发生变异,并且,这些变异通常只表现在色素的形成上。至今还不知道是否有子囊壳阶段。

黄色镰刀菌可以对禾谷类作物,如小麦、黑麦、大麦和燕麦等造成严重的损失。尤其是小麦更为严重,通常引起根腐病。在世界各主要产麦区均有报道,澳大利亚、新西兰、加拿大和美国损失率高达 50% ~ 70%。在意大利的撒丁岛,这一病害广为流行,直至上个世纪末都未曾间断过,1964 年又再次流行。由于在法国造成了严重损失,1929 年曾建立专门委员会对这一病害进行深入的调查研究。虽然有时只发现了这一种病害,但实际上它可能是同许多土壤病原菌一起协同致病的,诸如禾谷镰刀菌(*F. graminearum*)、颖枯壳针孢〔*Septoria* (*Leptosphaeria*) *nodorum*〕、禾谷蛇腔孢菌(*Ophiobolus gramminis*),偶尔也有麦根腐长蠕孢菌〔*Hclminthosporium sativum* (*Cochliobolus sativus*)〕。它们侵害的结果,一般产生皮层的腐烂,从而造成禾谷类作物在出土以前或出土后的枯萎。在幼嫩植株上,这种侵染可以抑制植株的生长,或造成植株死亡。在较大的植株上,则由于皮层的损害而导致植物过早成熟,或形成白穗。植株的节部常常包在叶鞘内,显露出红色—粉红—桃红等颜色。Hynes(1937)发现,在干旱的土壤中,病菌侵染发生严重。对这一事实,他通过实验得到了证实。Goidanich(1947)也曾记录过,撒丁岛三月份地面的气候是经过干旱的冬季之后,随之而来的是充沛的雨量和高温。Colhoun 和 Park(1964)也认为,在实验条件下所做的田间观察,证明种苗的大量死亡是由于干燥的土壤和不断增高的温度,虽然不是所有的人,但大多数研究者是同意这一观点的。Korshunova(1968)报道,该病在波罗的海各共和国、乌克兰西部和高加索北部等高湿地区,发病是很严重的。可能发生致病性不同的生理分化,曾有报道自小麦上分离的一些菌株在病菌形态学和致病性方面都有变异。

黄色镰刀菌为害玉米,主要是造成基腐或穗腐。尤其是在欧洲,那里气候凉爽、湿润,更有利于病菌的侵染。对于玉米种子的危害,也是十分严重的。Focke(1963)在他们所做的玉米品系鉴定和杂交试验中,对 52 个玉米品种的研究没有发现真正的抗病品系。Bojarczuk 等(1970)发现,在"低温处理"条件下,土壤中的黄色镰刀菌对于玉米的发芽有极大的抑制作用。

Fisher 等(1967)报道,从侵染玉米的黄色镰刀菌中分离到有毒株系,用这些菌株喂牛,能降低牛奶产量和使牛站立不稳;用来喂兔,可以使兔子在 5~7 d 内死亡。

除禾本科植物以外,黄色镰刀菌还可以广泛地侵染下列各科植物:番杏科(Aizoaceae)、桦树科(Betulaceae)、风铃草科(Campanulaceae)、石竹科(Caryophyllaceae)、藜科(Chenopodiaceae)、菊科(Compositae)、松柏类(Coniferae),旋花科(Convolvulaceae)、十字花科(Cruciferae)、葫芦科(Cucurbitaceae)、豆科(Leguminosae)、百合科(Liliaceae)、亚麻科(Linaceae)、锦葵科(Malvaceae)、芭

蕉科(Mnsaceae)、棕榈科(Palmae)、蔷薇科(Rosaceae)、虎耳草科(Saxifragacae)、茄科(Solanaceae)、堇菜科(Violaceae)、葡萄科(Vitaceae),有时也可以侵染包括商业栽培的蘑菇等真菌。

黄色镰刀菌有时也能伴生于贮存期的马铃薯腐烂病。尽管它的重要性不如茄科镰刀菌蓝色变种或接骨木镰刀菌蓝色变种。在商业栽培麝香石竹业中,可能由于病原菌在土壤中的繁衍而造成麝香石竹的基腐病,但不是一种枯萎病。Martinovic(1970)在一次温室里突然爆发起来的麝香石竹病害中发现,黄色镰刀菌是通过根结线虫(*Meloidogync* sp.)所造成的伤口进入植物体内的。

黄色镰刀菌是土壤习居菌,也是具有高度竞争能力的腐生菌类,通常可以忍受多种抗生因素(Garrett,1956、1963)。这种真菌可以像厚垣孢子一样,与植株组织的残体一道在土壤中越冬。Bruehl 和 Lai(1966)曾报道,将黄色镰刀菌和被侵染过的麦秆一起埋藏在土壤里,可以阻止其他真菌定植。有报道提出,这种病菌在小麦或其他植物种子的外部或内部存在。Malalasekera 和 Colhoun (1969)报道过一种鉴定小麦种子沾染该菌严重程度的方法。

尽管在防治中推荐要深埋罹病植物的残体,以及长期的轮作制度,但 Butler (1961)在澳大利亚、新西兰西部的研究发现,病原菌在土壤中的罹病麦秆上可以存活两年之久。Schmidt 和 Feistritzer(1933)发现,该菌在土壤 50 cm 的深处仍然可以存活。Rintelen(1967b)在德国进行轮作,对防治黄色镰刀菌所造成的基腐病是没有什么作用的。可以用种子处理的办法来限制黄色镰刀菌的扩展,但不能阻止来自被污染土壤中病菌侵染禾谷类植物。

Hutter 等(1965)把从金色链霉菌(*Streptomyces aureofaciens*)中分离出的两种抗生物质命名为花粉节菌素 A 和花粉节菌素 B,稀释成低浓度,可使黄色镰刀菌发生变形,但当浓度增高时,则可以抑制该菌生长。Lai 和 Bruehl(1968)发现黄色镰刀菌、禾谷头孢菌(*Cephalosporium gramineum*)和一些木霉属(*Trichoderma*)不同的种在麦秸秆上定植时有拮抗作用。Sokolov 和 Shchedrova (1968)在研究松苗镰刀菌病害期间发现,抗生物质是由相关的多孔菌产生的,它们可以抑制黄色镰刀菌的生长。Clarke(1966)证明,葱属(Allium)植物一些种的根部萃取液具有抗生作用,能抑制黄色镰刀菌孢子的萌发。Ledingham 和 Chinn(1964)发现,某些禾本科杂草对该菌有抗生作用,他们建议用这些草做大田轮作以抑制在土壤中残留的致病菌。Molot(1967)在法国的研究证明了玉米抗病品种可能的防病机制。他记录了在黄色镰刀菌的培养滤液中有 β – 糖甙酶,这些酶被认为可以同抗病品种中的高浓度葡萄糖甙起作用。

　　如上面所提到的,如果将种子种植在被病菌污染的土壤里,一般情况下种子处理仅仅阻止病原菌的传播,而不能制止病原菌的侵染。因此,使用土壤灭菌的办法有望解决此问题。Chenn 和 Ledingham(1962)发现,用 16.6 ppm 的威百亩和氯化苦可以杀死土壤中的黄色镰刀菌和禾旋孢腔菌(*Cochliobolus satuvus*)。在德国,Knosel 和 Kiewnick(1964)发现,在没有经过灭菌处理土壤中黄色镰刀菌可以被 0.2% 的胺腈杀死。

　　在 PDA 培养基上,25℃黑暗条件下生长速度快,气生菌丝浓密,棉絮状,初期为白色,随着培养时间的增加,气生菌丝为白色至黄色,有时中央有黄色菌丝区,边缘菌丝为白色到粉色,背面为洋红色、玫瑰红色或淡黄褐色,在 CMC 培养基中震荡培养 1 周,能够产生大量的大型分生孢子,其大型分生孢子较粗短,壁厚且弯曲,通常 3 ~ 4 个分隔,其大小为 26.74 ~ 45.35 μm × 5.06 ~ 8.13 μm,不产生小型分生孢子。

2.5　木贼镰刀菌(*Fusarium equiseti*)

错综赤霉(*Gibberella intricans* Wollenw.)的无性阶段

木贼月孢(*Selenosporium equiseti* Corda)

麂草镰刀菌(*Fusarium scirpi* Lamb. & Fautr)

　　这个种的同义语是 Gordon(1952)及 Joffe 和 Palti(1967)订正的。主要是指那些具有单出瓶状小梗和在培养基上最初为桃红色至浅黄色,后来变为棕色的那些种。半裸镰刀菌(*F. semitectum*)具有与此相似的形状,但也具有多芽生产孢细胞。Wollenweber 和 Reinking 以孢子的弯曲度为基础把这些培养型列为两个种,即木贼镰刀菌和麂草镰刀菌。他们研究认为:前者呈似抛物线形,而后者则为双曲线形。事实上,孢子形状的变异如同 Wollenweber 和 Reinking 关于木贼镰刀菌和麂草镰刀菌的孢子图形所表示的,几乎等于同一菌株在最初分离物中的差异。保存于这个组的其他成员,虽然也都没有发现真正的小型分生孢子,但在这个种内则常常可以找见没有分隔或只有一个分隔的孢子。

典型的野生型培养物最初为白色,具有丛卷毛状的气生菌丝,以后呈现桃红色,培养7~14 d可以变为米色,最后呈橄榄棕色。从底部观察,初为桃红色,以后变为浅黄褐色,最后成深棕色,没有见到过红色、蓝色或紫色。最初分生孢子稀少,从单出侧生瓶状小梗上生成,10~12.5 μm×2.5~3 μm,着生于气生菌丝上。大约在14 d以后,随着紧密的、帚状分枝的分生孢子梗的产生,分生孢子更为丰茂。这种发育是自一个侧生分枝开始的,在最后顶端只是一个细胞,载负着2~4个瓶状小梗,或者在顶部形成2~4个分枝,每个分枝都可能产生几个瓶状小梗,或在更远的一系列梗基上产生一般的瓶状小梗。瓶状小梗一般为倒棍棒状,12~17 μm×3~4 μm。通常没有分生孢子座,但有产生粘分生孢子团的趋势,或在一些分离物中发现有展生的分生孢子座。分生孢子镰刀状,具有一个发育良好的小梗样的足细胞和一个逐渐变窄的顶细胞,并向内弯曲,从而增大了孢子的正常弯度。后一特征在孢子成熟后一段时期即消失。成熟的分生孢子有4~7个薄而清晰的分隔,有些分生孢子在隔膜间的儆壁稍向内塌陷(图2-13)。

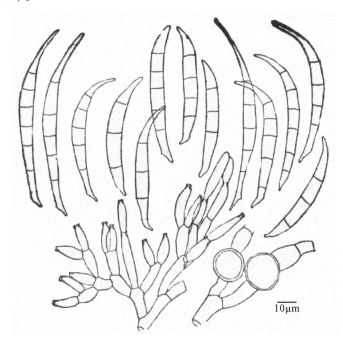

图2-13 木贼镰刀菌(*Fusarium equiseti*)的分生孢子、分生孢子梗和厚垣孢子

(错综赤霉 *Gibberella intricans*)

　　　　　3 个分隔:22 ~ 45 μm × 3.5 ~ 5 μm

　　　　　5 个分隔:40 ~ 58 μm × 3.7 ~ 5 μm

　　　　　7 个分隔:42 ~ 60 μm × 4 ~ 5.9 μm

　　厚垣孢子间生,单独、成链或成结,球形,直径为 7 ~ 9 μm。

　　在较老的培养中,有产生较短的小型分生孢子的倾向,其中有一些孢子类似半裸镰刀菌。但是,异宗配合的培养物发现有 0 ~ 7 个分隔,从而使人们联想到一种可能,即培养所产生的变异体。

　　自单个大型分生孢子培养物产生典型的野生型以及也可以产生变异体,在生长中表现为两种明晰的典型。第一种情况有失去形成孢子的倾向,生有丰茂的、白色或淡桃红色而不是橄榄黄色的气生菌丝;第二种自野生型变异的类型,则是抑制菌丝产生的粘分生孢子团形。菌落的表面覆盖着一层黏稠的、舒展的分生孢子座上产生的分生孢子群体。从这个类型所做的单孢子培养,只有粘分生孢子团形状而不表现返祖现象,再回复到野生型。在菌丝中生成的厚垣孢子单生或成串,球形,壁光滑至粗糙,直径为 6 ~ 10 μm。

　　瓶状小梗可能是单侧生的,或者在一个复杂的分生孢子梗的顶端形成。分生孢子梗具有原始的单点,而不类似子座。子囊壳单生至群集,卵形,外壁具有细皱纹,高为 200 ~ 350 μm,直径 180 ~ 240 μm。子囊棍棒状,有 4 ~ 8 个单列或斜生、分离的子囊孢子。子囊孢子 3 隔或 1 ~ 2 隔,透明,纺锤形,21 ~ 37 μm × 4 ~ 5.5 μm(子囊中有 4 个孢子,孢子大小为 22 ~ 40 μm × 4.5 μm)。

　　木贼镰刀菌在全世界的温带和亚热带地区是普遍存在的,曾经在鳄梨的果实上、菜豆、甘蓝、三叶草、棉花、葫芦科植物、亚麻、花生、大麻、白羽扇豆、棕榈、洋葱、罂粟种子、马铃薯叶和块茎、番茄和大豆上分离出来,在欧洲和苏联,也曾有报道从谷类作物,包括玉米中分离出来。在玉米上可以造成茎腐病;而在小麦上,则造成根腐病。其后,在苏联的斯塔夫罗波尔西北部,发现该菌常常侵染小麦的根部。

　　Joffe 和 Palti(1967)对该菌在以色列的情况做过一个全面的统计,这些菌普遍存在于土壤中,并且具有广泛的寄主,从这些寄主上都曾做过分离。他们发现该菌是葫芦科植物和鳄梨的病原,并认为它们的致病能力是被低估了。Garofalo(1958)报道,该菌有能力直接侵入茄子的活组织。

关于防治方法只有很少的报道。Messiaen 等（1965）认为其原因是厚垣孢子的形式占据了休眠期的大部时间，或者菌丝残体存在于土壤里，较难防治。尽管 Wollenweber 在 1931 年描述过该菌的子囊壳时期，但在自然界中却很少能够见到它们。

Kingsley（1963）把商业酵母菌培养的退化原因归之于谷物在田间对木贼镰刀菌的感染和毒物代谢。Brian 等（1961）自木贼镰刀菌的分离物中分出了几种植物毒素，最复杂的植物毒素他们称之为双乙酰氧裂苯（diacetoxyscirpenol）。

在 PDA 培养基上，25℃黑暗条件下生长较快，气生菌丝絮状，均一且紧密，菌丝的颜色由初期的白色到肉色，到后期发展为棕黄色到褐色，PDA 基质反面为棕黄色，一般产生小分生孢子。其大型分生孢子背腹面弯曲明显，抛物线形弯曲，一般为 5～7 个隔膜。厚垣孢子顶生，成串状或成结状。

2.6　燕麦镰刀菌（*Fusarium auenaceum*）

燕麦赤霉（*Gibberella auenacea* Cook）的无性阶段

燕麦纺锤孢（*Fusiporium auenaceum* Fr.）

菌丝玫瑰红色，菌落边缘白色，中心部分变为黄棕色，底部为红棕色。分生孢子梗穿过气生菌丝生长，最初为侧生单个瓶状小梗，或为多芽生产孢细胞。后者类似枝孢镰刀菌（*Fusarium sporotrichioides*）的小型分生孢子梗。随后的生长，通常在第一个孢子后面的孔口侧旁生出。分生孢子从这些多芽细胞中产生，拟纺锤形，1～3 个分隔，体积上的变化幅度很大，大致范围是 8～50 μm×3.5～4.5 μm。在一般情况下，长度和宽度有关。在气生菌丝上或在孢子座中产生的分生孢子，比从真正的瓶状小梗上形成的分生孢子宽。分生孢子座在 7 天以后发育，它们缺乏明显的子座，而是以粘孢团样的、短而单独的瓶状小梗团块覆盖于表面，形成橘黄色的大型分生孢子团块。这些大型分生孢子整齐一致，窄拟纺锤形，弯曲，4～7 个分隔，具有一个伸长了的顶细胞和明显的足细胞，大小为 40～80 μm×3.5～4 μm。在菌丝中不生成厚垣孢子，少数存在于分生孢子中（图 2－14）。

燕麦镰刀菌（*F. auenaceum*）的变异极大，特别是培养物的外观和颜色。最普通的是桃红色(浅珊瑚红色),而在下面则多为红色、浅黄橄榄色或深红色,不出现蓝色和紫色。气生菌丝初为白色,丛卷毛状,以后变为带桃红色或红棕色,毡状。分生孢子座一般为黏分生孢子团涣状,有时也可能没有,疏密不一,或生长丰茂。成团块的孢子橘黄色至赭石色。燕麦镰刀菌在培养中的变异性也反映在分生孢子阶段的形态上。在 Schneider(1958)出版的一部经典的著作中指出:在培养中发生的变异情况,经过 9 代,历时两年以上,他发现 5 个分隔的分生孢子平均为 48 ~ 74 μm × 2.9 ~ 4.3 μm,极端限度为 31 ~ 90 μm × 2 ~ 5 μm (图 2 – 14)。

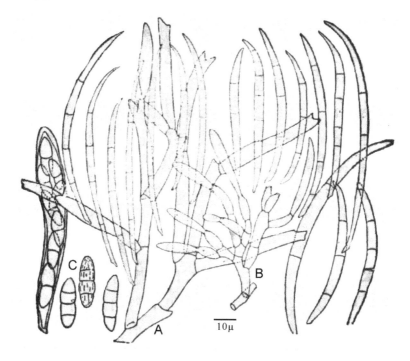

图 2 – 14　燕麦镰刀菌(*Fusarium auenaceum*)

(燕麦赤霉 *Gibberella auenacea*)

A. 初生分生孢子梗;B. 次生分生孢子梗;C. 子囊和子囊孢子

燕麦赤霉(*Gibberella auenacea*),子囊壳阶段是由 Cook 博士(1967)第一次描述的:子囊壳深紫红色,表现为黑色,围绕小麦下部茎节,单独生长或集生成群。它们从一个表面生长的小菌丝垫上发育,穿过表皮细胞形成菌丝体,突出于寄主的皮层细胞。在大多数情况下,一个小的子坐垫在子囊形成之前已先行发育。在每个垫上只形成一个子囊壳,大小 7 ~ 10 μm×4 ~ 7 μm。由于在外壁上形成大的疣状疱疹,使子囊壳成为不规则球形至梨形。外部子座部分的壁是由 6 ~ 7 层厚壁的、多少为紧实的和有角的细胞组成。形成疣状疱疹不是由于缺乏压力而使球形子囊壳长得更大,也不是因为数目的多少在形态学上有明确区分;疣状疱疹的外部细胞大小为 10 ~ 12 μm×12 ~ 15 μm。没有真正的侧丝。口孔沟与周丝成为一线。生有 8 个孢子的子囊长筒形至棍棒形,70 ~ 100 μm × 9 ~ 12 μm。子囊孢子透明,拟纺锤形,中间一个分隔处缢缩,上部细胞似稍大,经常保留一个分隔,量度为 13 ~ 19 μm×4 ~ 5 μm。其余的子囊孢子有些增大,在更远处发育成一个或 2 个分隔(图 2 - 14)。这些大的孢子量度为 17 ~ 25 μm ×5 ~ 6.5 μm。孢子体积的变异与分隔不同情况,是在子囊壳上发现的。Cook (1967)在他最早的描述中,记述了子囊壳颜色自深蓝色、皮肤色至淡黄色,但在形态学上则全部相似,并产生相同的子囊孢子的培养物。

寄主和分布:燕麦镰刀菌实际上在全世界范围的作物上存在和分布。尽管它是温带地区的主要真菌类,并且是几种越冬禾谷类作物的寄生菌,甚至在温带地区,它并不像禾谷镰刀菌(F. graminearum)和黄色镰刀菌(F. culmorum)因侵害禾谷类植物而常被报道。与导致小麦根腐相区别,该菌在黑麦和玉米上也造成与豆类、针叶树及苗木相似的损害。曾有报道,在潮湿的热带如同在温室中一样,主要是侵染麝香石竹;而在温带国家,则主要侵染唐菖蒲。

由于该菌几乎在世界各地普遍存在,与土壤真菌相区别,在禾本科植物上的寄生为害十分突出,而报道在下列各科寄主中已超过 160 个属,它们是:石竹科(Caryophyllaceae)、菊科(Compositae)、松柏科(Coniferae)、十字花科(Cruciferae)、葫芦科(Curcurbitaceae)、杜鹃花科(Ericaceae)、大戟科(Euphorbiaceae)、胡桃科(Juglandaceae)、樟科(Lauraceae)、豆科(Leguminosae)、百合科(Liliaceae)、亚麻科(Linaceae)、桑科(Moraceae)、柳叶菜科(Onagraceae)、棕榈科(Palmaceae)、蔷薇科(Rosaceae)、芸香科(Rutaceae)、杨柳科(Salicaceae)、玄参科(Scrophulariaceae)、茄科(Solanaceae)、梧桐科(Sterculiaceae)、茶科(Theaceae)、瑞香科(Thymelaeaceae)、伞形科(Umbelliferae)、败酱科(Valerinaceae)和葡萄科(Vitaceae)。

病害:如上面所提到的,燕麦镰刀菌常常造成苗期病害,即育苗中大量发生的猝倒病的病原。它同所谓的"春黄"相伴生,这是一种苗疫病,在冬燕麦和小麦上常造成大片而严重的黄化斑块。Colhoun 和 Park（1964）曾经报道,该菌在冬季造成少数植物的病害。在英国,一般情况下在较温暖、潮湿的土壤中比在较干燥的土壤条件下发现少,干旱地区比湿冷地区少见（Velikovsky,1980）。

在欧洲和北美,它常常是紫花苜蓿和三叶草的一种严重的根病病原菌,与茄类镰刀菌（*F. solani*）和尖孢镰刀菌（*F. oxysporum*）一起,可以侵入紫花苜蓿没有受伤的根部表皮细胞、种皮和子叶。细胞间的侵入和细胞内的侵入两者都曾发现,通常是在分生组织的细胞里。Bojarczuk 和 Toma－szewski（1968）在波兰发现,用7个镰刀菌种对羽扇豆属中各个种的种子在萌发过程中的致病试验中,燕麦镰刀菌是致病最多的。除了作为种苗病原菌以外,也报道过可以导致萎蔫。Tupenevich 和 Shirko（1962）曾报道,在苏联列宁格勒州（现圣彼得堡）的实生白羽扇豆开花前植株上曾经发现该病,并在第一个豆荚形成之后植株迅速死亡。

不少报道中指出,该菌同紫花苜蓿的维管束萎蔫病一起发生（Kudela,1969）。该菌在苏联的蚕豆上与萎蔫病联合致病的情况广泛存在,并且是布什克里亚干旱草原带寄主植物的严重病原之一（Bikmukhametova,1963）。玉米茎腐病,特别在澳大利亚、波兰和德国南部,经常报道是由该菌侵染所造成的（Rintele,1967a）。下列一些寄主的许多品种报道是抗病的:紫花苜蓿（Cormack,1942）、马铃薯（Gradinaroff,1943）、大麦（Bakshi,1951）和小麦（Tupenevitch et al.,1963;Pissareff 和 Malinovskaya,1939;Pissareff and Malinovskaya.,1941;Baksh,1951）。

防治措施:防治的实践措施,包括轮作和田园卫生。后者反映了这样的事实:燕麦镰刀菌（比之黄色镰刀菌与禾谷镰刀菌一般是弱寄生的,并且在侵染时需要传播接种体的适宜条件（Colhoun et al.,1968）。用有机汞化合物做种子处理,是一种有效的防治措施。Shevchenko 和 Kulakova（1965）用干福尔马林在1%～2%过磷酸钙中制备吸附气体处理苗床来减少燕麦镰刀菌对松苗的侵害;Shevchenko 和 Korneĭfchuk（1969）在乌克兰发现,在施肥时增加钾和磷,可以降低饲料羽扇豆黄化病的感病性,而施用氮肥则有使抗病性降低的倾向。

在波兰,Pedziwilk（1967）明确提出,燕麦镰刀菌的侵染可能与细菌的拮抗有关;Messiaen 等（1965）报道,在土壤中的放线菌和细菌的溶菌活动有不同的抑制能力。Lisina 等(1964)报道,从对燕麦镰刀菌表现有最大抑制效果的豆科植物原根球壳(rlrizosphere)中分离的微紫青霉(*Penicillium janthinellum*)其抗生活性类似原根球壳(rhizospher);而 Pidoplichko 等(1963)发现,在实验室条件下,与常观青霉(*Penicillium frequentan*)共生的燕麦镰刀菌在玉米上由于刺激作用,生长较小。Rademacher(1966)在禾谷类植物、豌豆和亚麻的盆栽试验工作中发现有明显的致病减弱现象。由于杂草的存在,对不同的真菌,包括燕麦镰刀菌在内的病害,都有被抑制的倾向。

病原的传播借助于范围广泛的寄主植物的种子(Noble and Richardso,1968;Gordon,1954b);也可以借助于土壤、风和堆集的植物残体。Hewett(1967)发现,英国小麦种子常因燕麦镰刀菌而减产,特别是在那些晚夏湿润的年份。Joffe等(1964)也报道,在以色列的洋葱种子上发现有该菌。一些生理专化现象曾有报道,Tu(1929)发现在小麦、大麦和燕麦的品种上有两个一贯毒性较强的和一个毒性最强的菌系;毒性最强的菌系最适生长温度为27℃,而两个毒性较强的菌系最适生长温度为22℃。Cormack(1937,1951)对具有毒性和不具有毒性的类型在紫花苜蓿上也进行过试验,并有报道。在禾谷类作物、白羽扁豆、麝香石竹上,Schneider(1958)有过报道。Batikyan(1968)报道,在菌丝细胞中常发现有 1~4 个核,而在单倍染色体中则是 5 个。分生孢子细胞为无核及单倍体。

2.7　串珠镰刀菌(*Fusarium moniliforme*)

藤仓赤霉〔稻恶苗病,*Gibberella fujikuroi* (Sawada) Itoap. Ito & kimura〕的无性阶段

藤仓紫壳(*Lisea fujikuroi* Sawada)

串珠赤霉〔*Gibberella monilifornte* (Sheld.) Wineland〕

最初的生长物为薄膜状,无色,而且展延迅速。培养物从典型的深紫色下面偶尔呈现苍白、淡紫、葡萄酒色以至奶油色。气生菌丝通常致密、纤细,丛卷毛状至毡状,白葡萄酒色至毛毡色。由于小型分生孢子的形成,经常呈粉状外观。小型分生孢子单出、侧生。锥形的瓶状小梗在气生菌丝上形成,这些瓶状小梗很少在短的侧枝上成长,大小为 20~30 μm,基部 2~3 μm,顶部渐窄,约接近于 1.5 μm。在适宜的生长条件下,小型分生孢子呈链状排列,在低倍显微镜

下可以很容易观察到。小型分生孢子的量度为 $5 \sim 12 \ \mu m \times 1.5 \sim 2.5 \ \mu m$,纺锤形至棍棒形,具有稍平展的基部,偶尔可以变成具有一个分隔。

在许多株系中,很少形成大型分生孢子,但有时可在菌丝侧枝上的分生孢子梗上形成。分生孢子梗由一个生有 $2 \sim 3$ 个顶生瓶状小梗的单个细胞组成,或者可以形成 $2 \sim 3$ 个梗基,依次生成单个的桶形至倒棍棒形的瓶状小梗,大小为 $20 \sim 24 \ \mu m \times 3.5 \sim 4 \ \mu m$(图 $2 - 15$)。子座有时呈系列状排列。大型分生孢子为不对称的拟纺锤形,纤细,薄壁,具有伸长的常常是尖而弯曲的顶细胞和具有小柄的基部细胞,$3 \sim 7$ 个分隔,其量度为:

$3 \sim 4$ 分隔:$25 \sim 36 \ \mu m \times 2.5 \sim 3.5 \ \mu m$

$5 \sim 6$ 分隔:$30 \sim 50 \ \mu m \times 2.5 \sim 4 \ \mu m$

7 分隔:$40 \sim 60 \ \mu m \times 3 \sim 4 \ \mu m$

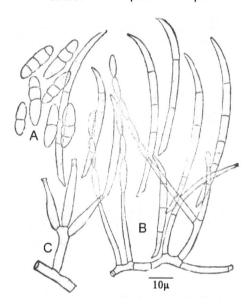

图 $2 - 15$ 串珠镰刀菌(*Fusarium moniliforme*)

(藤仓赤霉 *Gibberella fujikuroi*)

A. 子囊孢子;B. 小型分生孢子梗及小型分生孢子;C. 大型分生孢子梗及大型分生孢子

在菌丝和分生孢子中均不生成厚垣孢子。膨胀的子座最初生成的细胞可以常被发现,但不会与厚垣孢子相混淆,这些细胞聚集于深蓝色、不规则的球形菌核中,这些结构可能形成最初的子囊壳。

通常子囊壳只在已经死亡的植物残体上发现。它们生长在表面,呈深蓝色,球形至圆锥形,高 250 ~ 350 μm,直径为 220 ~ 300 μm,外壁粗糙。子囊椭圆形至棍棒形,有 4 ~ 8 个斜生单列至二列的子囊孢子。子囊孢子透明,椭圆形,常常保有一个分隔,偶尔也出现 3 个分隔,量度为 14 ~ 18 μm × 4.5 ~ 6 μm。Wineland(1924)曾对在培养中的子囊壳的产生做过十分精致的描述。她的实验假定这个种是异宗配合的,子囊壳仅仅与相应的配偶菌株在试管或培养皿中配合才能产生。这些实验至今仍为人们所公认(Spector,1965)。

串珠镰刀菌胶孢变种的特点在于,自多出瓶状小梗上生成小型分生孢子,但不呈链状排列。大型分生孢子较小,子囊孢子也较窄。Kingsland(1960)发现,它们生长的最适温度同串珠镰刀菌相比,相对较低(25℃)。

串珠镰刀菌广泛分布于全世界的潮湿和半潮湿地带,并且延伸到热带和亚热带地区;除在温室栽培的植物上以外,在较冷凉的地区并不多见。

串珠镰刀菌是几种禾本科植物,如水稻、甘蔗、玉米、高粱等上十分严重的寄生菌;它也可以发生在其他广泛的寄主植物上,如苋科(Amaranthaceae)、石蒜科(Amaryllidaceae)、罗摩科(Asclepiadaceae)、桦木科(Betulaceae)、凤梨科(Bromeliaceae)、黄杨科(Buxaceae)、石竹科(Caryophyllaceae)、虎耳草属(Coniferae)、十字花科(Cruciferae)、旋花科(Convolvulaceae),葫芦科(Cucurbitaceae)、大戟科(Euphorbiaceae)、鸢尾科(Eridaceae)、樟科(Lauraceae)、豆科(Leguminosae)、百合科(Liliaceae)、亚麻科(Linaceae)、锦葵科(Malvaceae)、竹竿科(Marantaceae)、桑科(Moraceae)、芭蕉科(Musaceae)、兰科(Orchidaceae)、棕榈属(Palmae)、花荵科(Polemoniaceae)、蔷薇科(Rosaceae)、茜草科(Rubiaceae)、芸香科(Rutaceae)、玄参科(Scrophulariaceae)、茄科(Solanaceae)、梧桐科(Sterculiaceae)、椴科(Tiliaceae)。

串珠镰刀菌(*F. moniliforme*)可造成水稻幼蘖的苗枯、根腐、抑制生长或生长过度(赤霉病)。Heaton (1965)曾经报道,在澳大利亚北部地方由该菌所造成的水稻根腐病,使早熟品种损失达 70% 以上。事实上,赤霉病是亚洲水稻上的严重病害之一,高温(30 ~ 35℃)有利于该病的发生,其典型症状是幼蘖的过度生长,这是由于已为人们所知的致病菌的许多株系产生的如赤霉素等生长刺激物质对寄主刺激所产生的结果。这种生长过度或畸形,通常是串珠镰刀菌侵袭所造成的典型症状。Summanxvar 等(1967)描述了由这些真菌在芒果上造成的一种病害,使芒果变为畸形,受病的幼枝表现过度生长,其他部分可以正常生长,但也可以由于串珠镰刀菌的刺激而发生萎蔫。这些现象或者可以解释为什么在特定的环境条件下,如在缺水的情况下,感病植株呈现矮化,而取代了过度生长的症状。

串珠镰刀菌也可以造成或与其他病原菌联合导致棉花的苗枯、根腐或红腐等病害。Dransfiled 和 Chandrasrivongs(1966)曾报道,在泰国棉花上最严重的病害之一是由串珠镰刀菌(*F. moniliforme*)、黑根霉(*Rhizopus stolonifer*)和角斑病细菌(*Xanthomonas malvacearum*)所造成的混合侵染。除此之外,也常有关于协同侵染造成玉米、高粱的种子腐烂、苗枯、穗腐、根腐和茎腐的报道(Johnson et al.,1966)。甘蔗茎腐和顶腐癌,是在甘蔗种植区广泛发生的病害,报道中它们被描述与高粱表现相似的症状(Carrira,1964)。Futrell 和 Webster(1967)报道,在尼日利亚的高粱上也有发病。他们发现,如果在高粱播种的时候土地经过灌溉,或在收获季节气候干燥,则病害发生显著减轻。

也有报道该菌可以侵袭香蕉的花和果实(Chorin,1965)。尽管它们对贮存中的香蕉果实是造成颈腐或顶腐的主要病原,同时也是引起小苍兰属植物球根、菠萝和番茄在贮藏期中的腐烂。

在串珠镰刀菌的许多株系中,发现有生理专化现象。在美国的 110 个串珠镰刀菌的株系中,分离到大量具有强毒力的菌株,甚至是最活跃的强毒力的菌株,在它们的致病作用中都表现有周期性,即在一个时期内它们可以侵染寄主,而在另外的时期完全相同的条件下,则不能侵染致病(Leonian,1932)。也可以在不表现症状的玉米中分离到病原菌;但这些分离物都被证明仅仅是属于具有中等毒力的病原菌(Foley,1962)。在日本水稻上分离出来的强毒菌系和弱毒菌系是相似的,这些病原菌也可以自明显健康的种苗上获得。在玉米苗期致病试验中,采自从水稻上分离出来的 66 个株泵,在表现症状方面有一个变化的范围(Nisikado et al.,1933)。在古巴,从玉米、高粱和甘蔗上分离出来的病原菌,在彼此进行交互接种时,寄主则产生相似的根腐症状(Priode,1933)。在日本的小麦和水稻上的分离试验,也证明是可以相互交叉接种的,而在圭亚那水稻上的分离菌,则是水稻和甘蔗两者的病原真菌(Martyn,1934)。

同许多其他镰刀菌的种一样,该菌借助于土壤和种子进行传播;同时,也在一定程度上由气生孢子进行传播。在冬季或干燥的季节，病原真菌可以在土壤中存活，在植物的残体中以子囊壳休眠。串珠镰刀菌能产生促进生长的物质。自赤霉菌属(Gibberella)中产生的赤霉素，首先发现与水稻的赤霉病有关，于是被分离出来，加以纯化，现在已经用来作为重要的生长刺激物质。Stodola(1958)概括了它们的历史，即发现、化验分析和生产。这一病害最典型的特征是，茎部异乎寻常地伸长。Sawada(1912)是第一个设想赤霉菌的危害可能是由于病菌所产生的一种物质所造成的结果。Kurosawa(1926)进一步研究了这一病害的性质，并确定赤霉菌是否产生一种生长刺激物质，他把赤霉菌分别培养在固体相液体的培养基上，于100℃高温下经过2~3 h灭菌，并经过滤，仍然能对稻苗和杂草产生明显的刺激作用。

在关于赤霉素生产的报道中，Yabuda 等(1939)叙述了他们的分析化验方法如下：将培养液(100 mL)酸化，片以乙醚萃取一星期，俟乙醚蒸发至干燥，然后将剩余物再溶解于100 mL 的酒精中，用 1 mL 的溶解物作成 30 mL 水溶液，然后进行分析。Unhulled 水稻(Shinriki 变种)经过盐水选种之后，浸于2% 氯化汞－酒精溶液中20 min，然后用蒸馏水冲洗，以 20 粒消毒过的谷粒平铺在培养皿底部，在上面小心地覆盖一层薄棉绒，然后再用上述 30 mL 试验液淋洒在谷粒上，把种子置于30℃下大约10 d，由于水分不断蒸发必须随时予以补足。要测量最高的苗并计算出它们的平均值，并与防治处理进行对照。更深一步的关于镰刀菌酸作用的研究，是用溶液的一半同上述办法进行稀释，并于同时进行分析化验。由于水稻的变异性，分析要重复2~6 次，全部工作均由东京大学的研究者进行，如 Stodola 等(1957)。Neely 和 Phinney(1957)曾介绍过一个比较快速和有效的方法用来刺激玉米，可以使玉米矮化。

2.8 弯角镰刀菌(*Fusarium camptoceras*)

气生菌丝白色、米色至番泻叶色。丛卷毛状至毡状，常表现为粉状。在琼脂培养基表面最后呈玫瑰淡黄色至蜂蜜色，随着培养时间的增长，变为黄棕色。

分生孢子在松散分枝的、伸长了的分生孢子梗上形成。在第一个双分杈的分枝上出现，而以后在多芽产孢细胞上重复增殖，并常发生连续成串的分生孢子。这种生长类型产生一种伸长了的、不规则形的分生孢子梗，成长为一个或连续几个孔口,在分生孢子形成之后及下一个分生孢子形成以前是未知的。产孢细胞宽 2.5~3.0 μm,在长度上变化极大。末端顶孔的直径大约为 1 μm,随后顶孔日产生一个不规则的顶点。

分生孢子在形状上是多变的,常常在小型分生孢子与大型分生孢子之间不存在明显的区别。最初形成的分生孢子为倒卵形、椭圆形,偶尔近于管形。它们可能变为一个分隔,最后至成熟时变直,量度为 12~15 μm×4~6μm。以后形成的分生孢子纺锤形,具有倒伏状的、有时是紧缩的基部细胞,3~5 个分隔,量度为 23~40 μm×7 μm(图 2-16)。

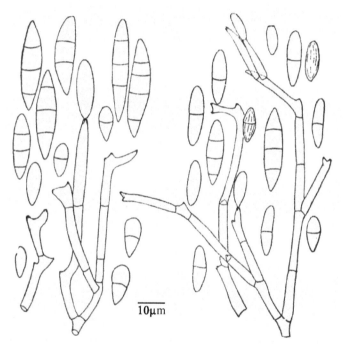

图 2-16 弯角镰刀菌(*Fusarium camptoceras*)分生孢子和分生孢子梗

厚垣孢子球形,直径为 8~11 μm,形成于舒展的菌丝体之间。

在较老的培养物中或在退化的分生孢子梗上生长,常常受到抑制。在菌丝体顶部侧生瓶状小梗的孔口处形成分生孢子。

曾有几次偶然在顶枯的香蕉和可可上分离到该菌。Mitra(1934)曾报道,尽管在正常情况下,这是自御谷(*Pennisetum glaucum*)上分离出的一种腐生真菌,但也能造成苹果的腐烂。

第三章　镰刀菌的分离培养技术

3.1　从土壤中分离

镰刀菌的许多种的菌丝体和厚垣孢子都广泛存在于土壤和植物残体中。自土壤中分离镰刀菌时,尽管大多数镰刀菌具有很强的竞争能力而且生长迅速,但由于土壤中多种真菌孢子的存在常常会造成污染。因此,在瘠薄稀释培养基平板上或者在水琼脂干燥表面上撒布土壤颗粒,在土壤中附着的菌株被污染之前进行转移,通常可以分离出单独的纯菌株来。

Nash 和 Snyder(1962)对从土壤中分离镰刀菌的方法曾有介绍,并设计了特用的培养基——蛋白胨五氯硝基苯(PCNB)培养基:Difco 蛋白胨 15 g;琼脂 20 g;磷酸二氢钾(KH$_2$PO$_4$) 1 g;硫酸镁(MgSO$_4$ · 7H$_2$O) 0.5 g;五氯硝基苯(PCNB 的 75% 可湿性粉剂) 1 g;链霉素(冷却时加入) 300 mg;蒸馏水 1 L。

用蛋白胨五氯硝基苯(PCNB)培养基从采集的新鲜土壤中分离镰刀菌。即培养基平板倒好后,先在冷凉黑暗处干燥 3～5 d,然后用来分离镰刀菌,液态的孢子悬浮液很快被干燥的琼脂吸收了。在培养的最初几天,将平板放在散射日光下培养,以阻止藻状菌某些菌种的生长。这种干燥了的培养基使细菌、酵母菌和其他真菌的生长受到抑制,降低了污染和掩盖镰刀菌菌落的能力,从而取得了很好的效果。

Papavizas(1967)建立了一种具有普遍性而且制备简便的修订的蛋白胨 - PCNB 培养基:Difco 蛋白胨 15 g;琼脂 20 g/L;磷酸二氢钾(KH$_2$PO$_4$) 1 g;硫酸镁(MgSO$_4$ · 7H$_2$O) 0.5 g;五氯硝基苯(PCNB 的 75% 可湿性粉剂) 0.5 g;牛胆汁 0.5 g;链霉素 100 mg;蒸馏水 1 L。(牛胆汁和链霉素容易受热分解,应在琼脂冷却时加入。)

3.2　从植物材料中分离

由于植物萎蔫、溃疡、顶枯的分枝末端的坏死部分常常产生菌丝、分生孢子梗或者分生孢子梗座,可以直接从这些材料进行分离。侵染植物根、茎的维管束组织的镰刀菌,最好是用氯化汞或者次氯酸钠对小块植物材料做 1 ~ 5 min 的表面消毒,然后用水冲洗,把小块材料的两端切去,不使残留的消毒剂带入培养基中,将小块材料的中间部分放在适宜的平板上进行培养。在 25℃(对怀疑是雪腐镰刀菌 *F. navale* 的材料要放在 18℃下培养)经过 24 ~ 36 h 培养,镰刀菌的菌丝就可以从材料切开的两端充分生长出来以供进行再分离。使用一系列的单孢子培养进行再分离,获得单孢子菌系,在进行鉴定时应该使用这些单孢子菌系。

3.3　单孢子菌系的分离

镰刀菌的单个孢子可以用标准的稀释平板法分离出来,而发芽的单个孢子的移植则是在解剖镜下用挑针从培养基平板中分离出来。一般可以采用下述方法:即用一滴灭菌水滴在无菌的载玻片上,然后放在解剖镜下面,用湿的挑针尖挑取聚集的孢子,然后将针尖伸入载玻片上面的水滴中,就可以观察到孢子从挑针尖上分散开并在水中流动,当孢子悬浮液已经满足需要之后,即将针尖抽出。当孢子在水中可以清晰辨别,而不因重叠杂乱模糊不清为度,然后就可以用接种环取出一环孢子悬浮液在平板上画线。

3.4　促进孢子的形成

镰刀菌属的许多种往往产生丰富的菌丝体而不形成孢子。因此,常常采取一些促进其产生孢子的措施,以利于菌种的鉴定。Cappellini 和 Peterson(1965)研究发现,使用羧甲基纤维素培养基能促进禾谷镰刀菌 *F. graminearum* 分生孢子的形成,即将平板培养物在 100 mL 的灭菌水中浸软,在涡旋仪上涡旋30 s,取1 mL 这种涡旋后的悬浮液加入盛有 100 mL 羧甲基纤维素培养基中,250 r/min

摇培,4 d 后就会产生大量的大型分生孢子。

羧甲基纤维素(CMC)培养基:羧甲基纤维素(CMC7MP)15 g;硝酸铵(NH$_4$NO$_3$)1 g;磷酸二氢钾(KH$_2$PO$_4$)1 g;硫酸镁(MgSO$_4$.7H$_2$O)0.5 g;酵母浸膏1 g;蒸馏水 1L。

Joffe(1963)修订了 Bilay(1955)设计的培养,可以促进镰刀菌产生分生孢子。Joffe 修订的 Bilay 培养基:硝酸钾(KNO$_3$)1 g;磷酸二氢钾(KH$_2$PO$_4$)1 g;硫酸镁(MgSO$_4$.7H$_2$O)0.5 g;氯化钾(KCl)0.5 g;淀粉 0.2 g;葡萄糖 0.2 g;蔗糖 0.2 g;琼脂 15 g;蒸馏水 1 L。

在琼脂凝固之前加入纯纤维素擦镜纸条作为碳源。

孢子的形成也可以利用自然的基物来促成。禾本科杂草、植物的嫩叶、豆秆、豆荚、切碎的胡萝卜薄片、芜菁、马铃薯等都可以采用。为了观察产孢细胞,可以把经过高压灭菌后的草叶浮在水面上接种,这样可以阻止菌丝体的生长,而分生孢子梗和分生孢子则可以或多或少地在水面上形成。另外,光可以促进大多数镰刀菌种的大型分生孢子的形成和数量的增加,生长在被固定着的两支日光灯管之下,距离培养菌株大约 25 ~ 36 cm(10 ~ 14 英寸)处进行培养,通常可以产生大量的大型分生孢子。造成禾谷类作物穗部疫病的异孢镰刀菌 *F. heterosporum*和其他一些菌种,用近紫外光或者黑光照射,可以促进孢子的形成。用每 12 h 进行连续开关的光暗交替处理时,通常可以产生大量的分生孢子。

3.5 促进厚垣孢子的形成

为了促进厚垣孢子的形成,可以把生长着的培养菌株连同琼脂切取小方块放在盛有灭菌水经过消毒的培养皿里。Alexander 等(1966)用贫瘠的沙性土壤制备土壤提取液来诱发厚垣孢子的形成。Qureshi 和 Page(1970)推荐使用一价的磷酸钾或者硫酸镁溶液加入 0.125 ~ 2.0 mL 葡萄糖或者碳酸镁,3 ~ 4 d 后即可形成大量的厚垣孢子。

3.6 促进子囊壳的产生

将麦秆、玉米秆、稻秆或者其他植物的茎放在培养皿内,或者将这些基物较长的段放在平皿或者其他容器中,用无菌水或者水琼脂浸润,室温黑暗交替培养,可以促进产生子囊壳的产生。

3.7　镰刀菌的培养条件

外界环境条件对镰刀菌的形态性状、培养性状等均有很大的影响,如光照、温度、营养、pH 值、C/N 比率等因素。

光线的影响:光线是引起镰刀菌子实体形成及色素变异的因子之一。光线一方面促进子实体的大量及迅速形成,另一方面促进分生孢子的正常生长。有研究表明,当葡萄糖浓度增长至 8%时,将接种镰刀菌的培养基置于黑暗条件下则不能形成分生孢子。强烈的日光使色素减弱,尤其是产生红色色素的镰刀菌的培养,这种色素在光线的影响下转变成肉桂色色素。缺乏光线亦影响色素的形成,如 *F. coeruleum*(Lib.)Sacc. 的分生孢子在无光线时为肉桂色,在白天的光线中则为较浅的赭色,在黑暗中则变为黄色。缺乏光线对于子实体的形成是不利的,并且可以导致菌丝及培养基变色。因此,镰刀菌的培养最好是放置在扩散光线的玻璃恒温培养箱中。

温度的影响:温度不仅影响镰刀菌的生长速率,亦影响分生孢子的形成、形状、大小、分隔数目等。如 *F. oxysporum* Schlecht. 在 15℃ 以下时生长的速度降低,在 5℃ 及超过 35℃ 时通常不生长。镰刀菌生长发育的最适宜温度在 15 ~ 25℃ 之间,低温往往会导致具有大量分隔的分生孢子的形成。因此,在最适的和标准的温度下培养镰刀菌是很重要的。

培养基的影响:在镰刀菌的培养中,培养基也是一个重要的因素,其化学成分可影响分生孢子的形状及色素的形成和子实体的产生等。据拉依洛观察,培养基中葡萄糖的含量高(8% ~ 10%)时,可导致菌体在培养基中形成不正常的分生孢子。这种分生孢子的原生质中有许多液泡或含有密集的颗粒网,孢子的直径大为增加,分隔不明显。分隔数目的多少与培养基中的化学成分有关,如高浓度的氮素、低浓度的磷酸盐、高浓度的酸碱、有毒物质酚、C 与 N 的比率等。如 *F. lini* Boll. 的个别菌株在 5% 葡萄糖的 PDA 培养基上,产生分生孢子的大小为 20 ~ 45 μm,而在三叶草培养基上的大小为 15 ~ 20 μm。

　　pH 值及培养基的影响：pH 不同的培养基亦可引起分生孢子大小的一些变异。研究发现，在 pH 5.50 的 PDA 培养基和 pH 3.47 的 PDA 培养基上得到了大小有差异的分生孢子。培养基对子实体的形成有很大的影响。许多学者研究了 20 种培养基对子实体形成的影响，发现其中的 7 种更有利于镰刀菌产生子实体，即燕麦培养基、马铃薯培养基、酸性马铃薯培养基、菜豆洋菜培养基、茶藨子茎、羽扇豆茎和马铃薯块茎。拉依洛（1936）利用镰刀菌在培养基（米饭、马铃薯块茎、葡萄糖）上色素形成来鉴别，证明镰刀菌的单孢子培养物在米饭培养基上都能产生彼此一致的色素。因此，米饭培养基可以用于初步鉴定镰刀菌属中的各个种的差异。Sebek（1952）研究发现，尖孢镰刀菌番茄专化型 *F. oxysporum* f. sp. *lycopersici* 可以在 pH 2.7 ~ 7.2 的培养基上生长，而尖孢镰刀菌萎蔫专化型 *F. oxysporum* f. sp. *vasinfectum* 能在 pH 1.4 ~ 7.5 的培养基上生长。色素形成的最适条件是在 pH 2.7 ~ 4.5 之间。培养基的 pH 应该在 6 ~ 7 之间通常对色素的形成是适合的。

　　镰刀菌在培养基上长期培养下开始逐渐减少孢子的形成，或者在最后完全不形成孢子，而其在米饭培养基上产生的色素只看到了微小的变化。将 *F. oxysporum*、*F. avenaceum*、*F. scirpi*、*F. culmorum* 等镰刀菌的单孢子培养保存在室温的 PDA 培养基上，经过 2 ~ 3 年而未进行移植。2 ~ 3 年后，将这些菌株移植于米饭培养基上，在第 30 d 观察并进行描述。结果发现这些菌株多数都只发生极不显著的色素改变（表 3 - 1）。*F. culmorum* 的色素变化比较明显，在生长后期菌丝体覆盖整个培养基表面，随后菌丝体消失了。

表 3 - 1　　在培养基上长期培养的影响下，个种镰刀菌色素的变化

（拉依洛，1950）

菌名	培养基原来的颜色	经过 2 ~ 3 年培养之后的颜色
F. oxysporum Schlecht. Syn. *F. oxysporum* Schl. var. *aurantiacum* (Lk.) Wr.	初期气生菌丝体普遍是洋红 – 浅紫色，底部苍白粉红 – 浅紫色。饭粒洋红 – 浅紫色，或在底部苍白灰色 – 浅紫色。所有的培养中都形成大而白的或洋红 – 浅紫色的菌核堆	初期菌丝体均匀地带灰的粉红 – 浅紫色，底部颜色较浅。饭粒的颜色同菌丝体，底部暗浅紫色，饭粒周围无边缘。所有的培养中形成白色的及暗粉红 – 浅紫色的菌体。无后期菌丝体

菌名	培养基原来的颜色	经过 2~3 年培养之后的颜色
F. avenaceum (Fr.) Sacc.	初期菌丝体普遍是白色,饭粒带橄榄色,周围无边缘,白色,后期菌丝体几乎遮盖整个培养,产生成堆的橙色分生孢子座。无菌核	初期气生菌丝体普遍是白色。饭粒不着色或带橄榄色,周围无边缘。形成橙色 – 带粉红色的分生孢子座
F. scirpi Lamb. Et Fautr. var. *filiferum* (Preuss) Wr.	初期菌丝体以苍白赭色占优势,个别部分带黄色。饭粒边缘为赭 – 肉桂色	全部培养都覆盖着带有橄榄色的肉桂色斑点,组成为赭色的白色小片的菌丝体
F. culmorum (W. G. Smith) Sacc.	全部培养都为白色而紧密的后期菌丝体所覆盖,带有灰粉红 – 浅紫色或者赭 – 肉桂色斑点。在个别部分饭粒及其边缘亦为赭 – 肉桂色。无菌核	初期气生菌丝体在上方形成各种浅紫色的环。在培养的底部为各种粉红色,带有小的赭 – 肉桂色斑点。黄色菌丝体占优势。饭粒灰色,边缘不清楚。后期菌丝体为黄色斑点状。形成一致的黄 – 肉桂色菌核

Brown(1922—1926)证明 CO_2 在抑制孢子形成以及碳氮比对于色素形成和孢子长度与分隔的影响。通常低 C/N 产生短而分隔少的孢子,而在相反的情况下,高 C/N 则形成长的孢子并增多孢子的分隔。在培养基中增加中心的磷酸盐,可以促进孢子的形成和减少气生菌丝的生长,而增加酸性磷酸盐则得到相反的结果。高浓度的葡萄糖可以促进菌丝过量生长,而淀粉可以促进孢子形成。

3.8 鉴定镰刀菌的方法

虽然从 1910 年起,许多学者已研究过镰刀菌的鉴定方法,但这个问题直至现在还不能认为已经解决了。1958 年苏联科学家拉依洛建立了一套系统,为镰刀菌的鉴定奠定了很好的基础,她采用一致的及标准的方法使我们能够在比较短的时期内精确地鉴定镰刀菌。在鉴定镰刀菌时,培养基种类、分生孢子大小及其产生的色素常常被用作鉴定参数。近年来,多采用形态学并结合 ITS(internal transcribed spacer)、EF - 1α(translation elongation factor 1α)、IGS(intergenic spacer region)、RPB2(RNA polymerase II gene)等基因序列变异进行菌种的鉴定。

标准培养基:外界条件及培养基影响镰刀菌的形态性状及培养特性,因此采用标准化是比较镰刀菌的唯一方法。标准化不能仅仅限于对真菌发育有关的光线及温度等条件,应该还包括培养基及其配制方法。首先必须选择能够保证产生正常类型的分生孢子的培养基,其次是涉及尽可能短的时期内产生最多的子实体的培养基。另一方面,必须尽量使用少数培养基,以不至于使鉴定方法复杂化。拉依洛建议采用 PDA 培养基和酸性 PDA 培养基(每 10 mL 培养基中加 1~2 滴 50%的柠檬酸溶液),因为这 2 种培养基有利于子实体的形成,在她研究过的镰刀菌中有 70% 的在这些培养基上形成了子实体。对于一些难以产生子实体的菌株,可以将它们移植到受温度剧烈升降的其他培养基上使之产生子实体,或者是将不形成子实体的单孢子培养物培养在恒温箱中 3~4 个月,每隔 15 d 观察一次,看看是否产生了子实体。当子实体得到后,应该使用标准培养基培养并测量分生孢子和鉴定镰刀菌。

测量分生孢子的标注日期:在 PDA 培养基上,多数镰刀菌在第 15 d 能形成具有发育完全正常的分生孢子的子实体,且分生孢子的长度和宽度在 PDA 培养基上生长 5、10、15 d 相差不大。

描述色素的标注日期:色素常常被用作鉴定镰刀菌的重要性状之一,镰刀菌培养的颜色深度与培养物的生长程度有很大的关系。拉依洛通过大量的研究后,建议镰刀菌的色素性状在培养第 15~30 d 时表现得最清楚,在老一点的培养通常是初期菌丝体被后期菌丝体所覆盖,甚至菌丝体开始褪色。常常使用的培养基是米饭培养基(1 个单位体积的米加 2 个单位体积的水,第一次蒸 1 h,第二次在第 2 d 高压灭菌 15 min)。

镰刀菌的鉴定技术:鉴定镰刀菌属的种和变种有 2 个步骤:一是鉴定组,二是鉴定种。组的鉴定要根据所有的性质进行,小型分生孢子的形成、排列及形状,气生菌丝体中厚垣孢子的形成及排列是其中的主要性状。大型分生孢子的形状及在米饭培养基中的色素是次要形状。因此,鉴定培养基应考虑使用 PDA

和酸性 PDA 培养基,以便检查气生菌丝体中分生孢子、厚垣孢子及大型分生孢子,利用米饭培养基研究其色素。对于镰刀菌的种、亚种及变种的鉴定只可根据其在标准培养基上产生的大型分生孢子的形状进行。在获得初步鉴定结果后,可以考虑使用 ITS、EF – 1α、IGS、RPB2 等基因的特异性引物扩展并测序进行鉴定。

第四章　赤霉病发生规律

4.1　赤霉病菌的越夏、越冬及初侵染

随着耕作制度的不同,小麦赤霉病菌的越夏、越冬方式也有所差异。对于小麦-早稻-晚稻三熟制地区,过去有人认为,该病菌不能在麦收后侵入水稻,引起稻桩春季产生子囊壳主要是来自混在播种材料中的带菌麦粒(吴治身,1980)。此后,梁训义(1989)经过大量试验,发现早稻的穗子感染率为20%~40%,晚稻是0%~60%;早稻的稻秆基部带菌比率为10%,晚稻为0%~30%。从而证明了赤霉病菌在麦收以后可以侵染早、晚稻的穗部和稻株基部叶鞘。翌年早春稻桩产生的玉米赤霉子囊壳是晚稻生长后期被赤霉病菌侵染所致。至于稻-麦轮作区的初侵染来源,是在稻桩内越冬的病原菌,早春形成子囊壳和子囊孢子,子囊孢子释放、侵染麦穗。

在东北春麦区,赤霉病菌于小麦收获后在田间的麦秸秆和杂草残体上越夏和越冬,翌年春季形成子囊壳和子囊孢子,子囊孢子释放并侵染麦穗(李汉卿和傅纯彦,1964;刘惕若,1990)。

对于黄淮流域冬小麦-夏玉米复种区,商鸿生等(1980)研究认为,小麦赤霉病的发生规律与我国南方小麦-水稻复种地区及东北春麦区截然不同,主要特点是小麦-玉米之间有广泛的菌源交换,构成了赤霉病菌复杂的侵染循环(图4-1)。一方面,病原菌在地表玉米残体中越冬后,产生子囊孢子引起小麦穗腐;另一方面,病原菌在土壤中越冬后,引起小麦基腐和根腐,继而造成夏玉米苗枯、根腐和茎腐等症状。这些病害的发生又进一步增大了土壤和地表残体中的带菌量及侵染潜势。他们进一步研究发现,引起初侵染的病菌主要在前一年遗留在田间的玉米残秆或者根茬上越冬,春季形成子囊壳,进而发育成熟,释

放子囊孢子侵染麦穗。地面上残留的其他残秆如棉秆、向日葵秆、杂草等残体也可以带菌,但菌源体数量很少。上年残留在田间地表的小麦残体大多已腐烂,不能形成子囊壳和子囊孢子(喻璋,1986)。据王树权等(1991)报道,多年小麦－玉米连作低湿田麦田带菌量最多。带菌麦田具有感染无菌残体致使其带菌的能力;具有灌溉条件的旱地玉米小麦连作田中禾谷镰孢菌土壤带菌很普遍,对研究赤霉病具有很重要的意义。

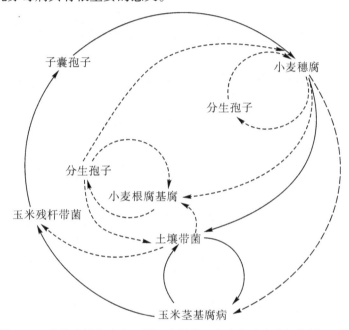

图4-1　黄淮流域冬小麦－夏玉米复种区小麦赤霉病菌侵染循环图解

("—"表示主要途径;"---"表示次要途径)

4.2　病菌侵入途径和侵入过程

早在1921年,Dickson研究认为,小麦赤霉病菌最初侵害花药,病穗的感病程度与小穗上残存花药的多少有关,开花前受侵染较少,开花期则容易侵染。不同小麦品种对赤霉病的反应也不同,开花期长的品种被害率较高。Pugh等(1933)研究认为,赤霉病菌从颖片的表面几乎不能侵入,主要是从颖片的里面侵入的。Bennett(1928)研究认为,花药不是唯一侵染的地方,颖部也是主要受害部位。

在我国,徐雍皋等(1989)首次采用石蜡切片法和显微技术研究了赤霉病菌的侵入途径和侵染过程。以苏麦3号、新中长、东海63级农林61为材料,分生孢子喷雾接种并保湿培养,分布于接种后20 h、44 h、96~98 h 剪取小穗,固定染色。观察结果发现,小麦赤霉病菌典型的侵染过程(包括侵入、扩展)是:(1)首先侵入花药,孢子萌发产生菌丝,在颖片外侧蔓延,通过颖片缝隙进入小穗内部"寻找"花药,然后侵入花药。(2)横向扩展。菌丝从缝隙进入并侵入花药后,进一步侵染靠近的颖片内侧壁,并在颖片组织内发展。(3)垂直扩展。有两种方式:一种是侵入外颖内侧壁的病原菌垂直向上扩展到芒,造成芒组织病变,也可以垂直向下扩展,为害颖片基部;另一种是花药内的病原菌垂直向下蔓延,使子房染病,并进一步蔓延到小轴及穗轴(Leonard et al. , 2003)。康振生等(2002、2003)首次完整地提出了赤霉病菌在小麦穗部的侵染与扩展模式,澄清了国内外对病菌侵染过程的争议。小麦赤霉病菌大孢子沉落在寄主表面6~12 h 即可萌发,芽管不立即侵染寄主组织内部,而是在寄主表面延伸和分枝,在接种24~36 h 后,菌丝网络主要在颖片、外稃、内稃的内表面和子房上。病菌主要通过颖片、外稃、内稃的内表面和子房的上部穿透寄主组织,菌丝在细胞内和细胞间向下沿扩展到小穗轴和穗轴,菌丝到达穗轴后进一步向上和向下通过维管束和皮层薄壁组织扩展。因此,赤霉病菌侵染小麦麦穗是不需要通过花药,而是主要通过颖片、外稃、内稃的内表面完成的(图4-2)。

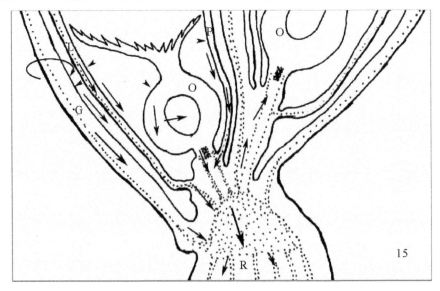

图4-2　麦穗部小穗结构及赤霉病菌典型的侵染过程示意图(Kang et al. , 2003)

G.颖片 glume;L.外稃 lemma;P.内稃 palea;O.子房 ovary;R.小穗轴 rachilla

4.3　再侵染

再侵染是病穗上产生的分生孢子散播侵染其他麦穗引起的。国外有人研究认为,病菌可在潮湿气候条件下通过水滴广泛地造成再侵染(Booth,1971)。在我国长江中下游麦区,中国农业科学院华东农业研究生试验(1958),中心麦株接种赤霉病菌发病后,经降雨处理的病穗率可达20%以上,而无降雨处理的病穗率仅有2.6%。因此,分生孢子在多雨条件下的再侵染作用很大。在东北麦区,一个生长季节内小麦赤霉病只能完成2次再侵染,且再侵染引致的病穗量最大仅占总病穗量的20%。因此,东北麦区小麦赤霉病的发生程度主要取决于初侵染,再侵染的作用甚小。张文军和商鸿生(1992)通过多年多地接种试验研究了陕西关中麦区小麦赤霉病的再侵染情况,结果表明赤霉病菌在麦穗上的产孢历期为20 d左右,在麦穗上最多可完成1次再侵染过程,且再侵染所引致的病穗量最大不超过总病穗量的8% ~ 9%。因此,在陕西关中地区小麦赤霉病的发生程度亦主要取决于初侵染。

4.4　小麦赤霉病的流行因素

温度的高低、空气相对湿度的大小、连续阴雨日数、降雨量的多少、日照时数多少、品种抗病性等因素均与小麦赤霉病发病程度有密切关系。小麦赤霉病的流行程度取决于菌源条件、气象条件、感病寄主生育期及三者之间的配合(中国农业科学院华东农业研究所,1958;商鸿生等,1980;刘惕若,1990)。

4.4.1　菌源量的影响

小麦赤霉病的病情与菌源量的关系因地而异。研究表明,病残体上子囊壳的产生分为两个时期:秋季形成期和春季形成期。但是由于秋季形成的子囊孢子多在小麦抽穗前就已释放萌发或随着子囊壳腐烂而失去侵染能力,所以春季形成的越冬菌源就成为初始侵染源(商鸿生等,1980;Sutton et al.,1982;Pereyra,2004)。若前期气象条件适宜、病残体密度大,则越冬菌源量充足,则感病期气象条件就成为影响发病的限制因素,气象条件越有利则发病越重;若前期气象条、病残体密度小,则菌源量成为限制因素,与发病关系密切。商鸿生(1980)等报道关中地区子囊壳发育正常年份,子囊壳成熟高峰期与小麦感病期吻合,病穗率与玉米秸秆基数、子囊壳密度以及基数×密度的相关系数分别为0.69、0.65和0.96。

在日本,一般认为子囊孢子飞散量与发病程度的关系很密切(井上成信和高须谦一,1959;上田进,1973)。我国学者在江苏麦区调查表明,初始菌源量大,发病就重(周世明等,1989),病害高峰期一般在子囊孢子释放高峰期后4~7 d出现。周华月(1983)对浙江金华地区调查发现,3月下旬的子囊孢子捕捉数量与病穗率有极显著的正相关关系。张平平等(2015)研究表明,田间产壳玉米秸秆密度与小麦穗表面赤霉菌孢子数呈极显著正相关关系,小麦穗表面赤霉菌孢子数随着湿润时间的增加而显著增加,第5天后不再发生变化,小麦赤霉菌子囊孢子释放高峰在雨后2~4 d。据江苏太仓市植保站张心明等(2017)系统调查发现,2016年太仓市稻桩带菌率为6.9%,且近年来稻麦秸秆全量还田技术的大面积推广,致使地表残留秸秆量极大;另外,冬季小麦采用免耕栽培技术,稻桩大量裸露,这些农田生态条件为小麦赤霉病的流行为害提供了丰富的菌源,具备小麦赤霉病大流行的菌源条件。但王筱娟等(1980)研究认为,稻桩带菌率及子囊壳成熟度情况与麦穗上黏附的孢子量无明显相关性。张汉琳(1987)研究发现,早期稻桩带菌量与小麦赤霉病发病程度的相关系数仅为0.313。因此,在长江中下游地区,小麦赤霉病的初始菌源量是比较充足的,菌源是发病的基础,但不是关键。

在小麦、玉米两熟地区,现行的玉米秸秆还田栽培管理制度更有利于赤霉病菌菌量的积累和病害流行(表4-1),但这一地区是半干旱灌区,正常年份冬春季干旱少雨,降水和田间湿度便成为影响菌源发展和病害流行的限制性因素,各年的赤霉病流行程度取决于菌源、降水量及其与寄主易感期的配合程度。中华人民共和国成立以后,特别是20世纪60年代以来陕西关中地区水浇地面积迅速扩大,若以1949年为基数,到1965年增长了3.7倍,1975年增长了8倍,1980年增长了8.7倍。已建成的宝鸡峡引渭灌区、冯家山水库灌区、东方红抽渭灌区、引泾渠灌区、引洛渠灌区、羊毛湾水库灌区等骨干灌溉系统和许多中、小型抽灌和自流灌溉设施,到1982年水浇地已占全区耕地面积的83.4%。与灌溉事业的发展相平行,自20世纪60年代中期以来已发生了3次较大规模的赤霉病流行。1964年关中平原西部出现了历史上第一次赤霉病大流行。

1974—1976年连续3年中度偏重至大流行,以矮丰3号、矮丰4号和泰山1号为代表的一批高产矮、中秆品种因病穗率高达85%以上而被淘汰。1985年发生了第三次大流行,沿渭河各县平均病穗率最低为41.9%,最高达80.8%,造成减产20%~30%。由于灌溉设施的改善和可灌溉农田面积的扩大,在灌区出现了低洼积水地和地下水位高的地带。加之,近年来耕作方式发生了巨大的变化,机械化程度大幅度提高,采取秸秆还田的耕作模式改变了玉米秸秆的田间均一度和密度。这些农田生态条件的变化导致土壤含水量、日结露时间、地面连续湿润时间等明显延长。据1978年在杨凌调查,4月中旬至5月中旬,渭河一级阶地灌水麦田比相邻较高的黄土台塬地面连续湿润天数多15 d,麦穗结露天数多14 d,结果地表玉米秸秆产生子囊壳的百分率高33%,病穗率高19%(商鸿生等,1987)。据2012年在河南新乡调查,4月中旬麦田残留玉米秸秆的带菌率为40%~60%,最高为75%;从4月下旬到5月中旬,新乡市雨雾天气较多,空气湿度大,气温忽高忽低,致使小麦扬花时间拉长,4月29日至5月2日的连阴雨天气使小麦大面积发病,5月4日至5月9日的高温天气使病害迅速爆发,5月12日的阴雨天又使小麦赤霉病进一步显症,病田率、病穗率和发病程度进一步加重。据2014年在陕西武功县的调查,田间玉米残秆密度为(205.0±56.6)个/100 m²,玉米残秆带菌率为62.7%,5月上旬小麦抽穗至扬花期有5天的持续降雨,5月26日调查的小麦赤霉病病穗率为13.0%。

表4-1 陕西关中2014年田间玉米秸秆密度、带菌率及小麦赤霉病穗率

地区	玉米秸秆密度(个/100 m²)	产壳秸秆率(%)
杨凌	204.0±47.4	26.0
周至	102.0±56.6	59.3
眉县	107.0±27.9	23.3
扶风	67.3±2.6	16.7
武功	205.0±56.6	62.7
兴平	75.3±7.6	25.3
三原	62.0±4.0	19.3
泾阳	67.0±4.4	24.6
蓝田	74.3±18.6	14.0

续表

地区	玉米秸秆密度（个/100 m²）	产壳秸秆率（%）
岐山	65.3±6.8	21.3
凤翔	60.7±15.9	28.7
乾县	62.3±3.8	14.7
高陵	66.0±7.0	0
户县	77.3±7.1	32.7
长安	78.7±1.5	24.0

在宁夏引黄灌区,小麦品种类型、农田小气候等因素对小麦赤霉病发生流行的影响不大,赤霉病菌子囊孢子发育成熟及释放的高峰期与小麦扬花期重合,菌源量是影响其发生流行的主要因素。宁夏引黄灌区是一年一熟制的春小麦种植区,主要粮食作物是小麦、水稻和玉米。自20世纪80年代开始,为了提高粮食单位面积的产量,大面积推广了小麦套种玉米的耕作制度,小麦、玉米、水稻等作物有一段重合的生长期。7月上旬小麦收割后,玉米、水稻等作物仍然处于生长阶段,小麦发病盛期病穗上产生大量的分生孢子,为这些作物提供了初始侵染菌源。据谢益书(1992)调查,在8月下旬玉米植株上可以看到受赤霉病菌侵染的病斑,镜检可见病斑上产生的赤霉病菌分生孢子,9月份玉米收获后,将玉米秸秆堆存至翌年5月中旬,秸秆上可产生大量赤霉病菌的子囊壳。在陕西关中灌区,菌源分布广、数量大,一般年份不是发病的限制因素。但在关中台塬地区,尤其是台塬旱地,玉米秸秆数量少,带菌率低,菌源是发病限制因素之一。另外,在关中个别年份子囊孢子释放高峰期错过了小麦的易感期,发病轻,此时菌源就成为发病的限制因素(商鸿生等,1980)。

在东北春麦区,小麦收获后,田间遗留大量麦秸和杂草残体,遇雨病菌大量腐生并越冬,越冬菌源量一般不是小麦赤霉病流行的主导因素(刘惕若,1990)。

4.4.2　气象条件的影响

在江淮流域的小麦-水稻两熟、三熟地区以及黄淮流域的小麦-玉米两熟区,气候条件是造成赤霉病年度之间发病程度差异的主要条件之一,特别是4

月中下旬至 5 月上旬期间,即小麦破口抽穗扬花期间的高温高湿是赤霉病大流行的关键气候条件。如在江苏省宿迁市,2012 年小麦齐穗扬花期在 4 月 28 日至 5 月 5 日,在此期间的 4 月 29 日至 5 月 1 日连续大雾,平均空气相对湿度为 81%,而 5 月 2 ~ 5 日日平均气温达到了 23.2℃,形成了典型的高温高湿气候条件,因此导致了赤霉病的大流行(程玲娟等,2012)。

宁夏引黄灌区是典型的黄河农业,年降雨量不到 200 mm,田间小气候湿度受大气候影响较小。在该地区采用黄河水自流灌溉,小麦田从 5 月初到 6 月底进行灌溉,土壤湿度较高,有利于麦田表面作物残体上赤霉病菌的生长发育和子囊壳的成熟和释放。根据 1977—1991 年的气象数据,6 月上旬白天最高温度为 31.4℃,夜间最低温度为 5.8℃,日夜温差达 13.4 ~ 25.6℃,并且土壤湿度很高,白天蒸发量大,夜间温度低,使小麦穗部长时间结露。据谢益书(1992)观察,6 月上旬小麦扬花期穗部湿度极高,保持水滴状态可维持到每天上午 10 ~ 11 时许,即使长时间不降雨,穗部的湿度也完全可以满足赤霉病菌侵入的条件。因此,在宁夏引黄灌区,在田间小气候方面不同年份间变化不大,这是与江淮及陕西关中麦区不同之处。

气象条件对小麦赤霉病的影响主要表现在两个方面:一方面,气象条件影响菌源发育形成和子囊孢子释放,从而通过菌源量间接影响病情;另一方面,气象条件直接影响病菌侵入、扩展和病情的发展。

4.4.2.1 赤霉病菌有性态发育形成的气象条件

有关禾谷镰孢菌有性态发育形成的温度条件,过去的很多研究不甚相同(Naumov,1916;Bennett 1931;石井,1960;中国农业科学院江苏分院,1961;井上成信,1961;叶华智,1980),但其趋势已基本明确(表 4 - 2)。这种以田间观察获得的数据往往存在较大偏差,主要原因有:第一,大田观测多以形成肉眼可见子囊壳时的温度作为形成起点温度,但实际的形成起点温度往往会更低;第二,因子囊壳形成与湿度的关系极大,湿度条件不同,会导致子囊壳不同的形成温度参数;第三,取试验最低温度作为子囊壳形成的最低温度,结果比实际偏高。采用在饱和湿度下设置较多的温度处理,以发育温度机理模型求取有性态的形成温度参数是一种比较可靠的办法。张文军(1992)采用温箱控制下饱和湿度玉米秸秆上的小麦赤霉病菌有性态形成温度关系试验数据及王如松(1982)的模型,以张文军-商鸿生算法得到的有性态形成起点温度为初始值,建立了有性态的形成速率模型,求得子囊壳、子囊及子囊孢子的形成起点温度、最适温度和高限温度(表4-2)。

表4-2 温度对禾谷镰孢菌有性态发育形成影响的研究概况(单位:℃)

研究者	发表年份	研究方法	子囊壳形成			子囊形成			子囊孢子形成		
			最低	最适	最高	最低	最适	最高	最低	最适	最高
Naumov	1916			20							
Bennett	1931			24	37						
石井	1960	大田观察	>10								
中国农业科学院江苏分院	1961	大田观察	10								
井上成信	1961	大田观察	9~10								
叶华智	1980	保湿试验	5	25~28	35	13		33	13	25~28	33
张文军	1992	模拟试验	-1.95	26.9	31.8	1.25	24.8	32.6	2.53	23.7	35.2

水分是小麦赤霉病菌有性态发现形成的必要条件,其形成有一定的水分阈值。国外有研究认为,子囊壳形成的相对湿度最低值为75%,最适为95%~100%。在我国水稻-小麦轮作区,稻桩湿润是子囊壳形成的基本条件(叶华智,1980)。基物湿润,即使空气湿度低至55%,仍能形成子囊壳和子囊孢子。基物干燥,但空气湿度饱和时,也可以形成子囊壳和子囊孢子,当空气湿度小于95%时,则不能形成子囊壳。针对黄淮流域小麦-夏玉米复种区,玉米残秆被水浸湿并保持足够的天数是子囊壳形成和子囊孢子成熟的主要条件(商鸿生等,1980)。带菌玉米残秆在土壤湿度大于60%时可以形成子囊壳,子囊孢子亦能成熟。当土壤湿度大于80%时,子囊壳数量明显增多。他们观察发现,子囊

壳发育过程中,若玉米残秆水分减少,以至完全干燥时,子囊壳发育终止;间隔较短时间后,再度浸湿玉米残秆,子囊壳能继续发育和成熟。他们观察还发现,通气也是子囊壳形成的基本条件,带菌玉米残秆埋于土壤或者置于密闭容器中,即使保持长时间水浸状态,也不产生子囊壳。除了温度、湿度条件外,其他因素如光照等对禾谷镰刀菌的发育形成有不同程度的影响,但在自然条件下远远小于温度和湿度的作用(仇元,1952;商鸿生,1980;张文军,1993)。在温度和湿度条件中,若两者之一得到了满足,另外一个因素就成为子囊壳和子囊孢子形成的限制因素。

4.4.2.2　气象条件对子囊孢子释放的影响

子囊孢子释放的主要气象因素是降雨和湿度。井上成信(1963)研究认为,子囊孢子释放或者挤出需要在99%以上的极高湿度下进行,98%以下湿度不适合子囊孢子的释放,在小麦开花期子囊孢子的飞散量主要取决于这个时期的雨日数、雨量等因素。在白天降雨后空气湿度大于95%,且持续时间长,则子囊孢子飞散量大。中国农业科学院华东研究所(1958)观察认为,子囊孢子在雨天出现最多,雨水飞溅对子囊孢子散播有一定作用。商鸿生等(1980)用不同盐类的饱和溶液制成空气相对湿度梯度,不同相对湿度容器内放置子囊壳,并于子囊壳上方放置了子囊孢子捕捉玻片进行观察,发现空气相对湿度低于95%时子囊孢子不能释放。在饱和湿度时,释放量增多,被水浸泡的子囊壳,即使空气湿度很低,也能释放子囊孢子。因此,子囊孢子释放所需要的条件是降雨或者近饱和的空气相对湿度。一般情况下,也只有降雨才可造成这种高湿度,由此可以认为降雨是子囊孢子释放的基本条件。

4.4.2.3　气象条件对病菌侵染和病害发展的影响

病菌侵入过程包括侵入前期(接触、孢子萌发、产生菌丝)和侵入后期(菌丝侵入,建立起不依赖于寄主体外条件而扩展的菌丝组织),主要受湿度因子影响,病菌在麦穗内的扩展主要受温度的影响(Pugh et al., 1933),病菌在麦穗内的潜育主要表现为受温度因子和湿度因子的综合控制(Anderson,1948),温度适宜则潜育期短,现症快。Anderson(1948)研究认为小麦赤霉病菌侵染的最适温度是 25℃,15℃ 以下很少发生或者不发生侵染;他还发现,在任何温度下,保湿时间愈长,病穗率就愈高。

温度、湿度因子除了影响病菌的潜育期外,还可以影响病菌的分生孢子的形成,从而影响其再侵染而间接影响病害的发生程度。大量的田间观察表明,小麦感病期雨日多、雨量大、气温高,则病穗率高,病害严重度大(夏禹甸等,1956;刘惕若和欧连耀,1960;高士秀,1980;高崎等,1983;孔宪宏,1985)。因此,小麦赤霉病病情从根本上取决于气象条件。若早春雨温条件满足,菌源潜势就强;早春雨温条件不足或者过足,菌源潜势就弱。Rossi 等(2001)根据温度和湿润时间建立侵染概率公式:

$$INF = -0.099 - 0.363t + 0.07808Tt - 0.00591T^2t + 0.000199T^3t - 0.0000024T^4t$$

式中,T 为温度(℃);t 为湿润时间(h)。

4.4.3　品种抗病性的影响

Schroeder 等(1963)最早提出小麦品种的抗赤霉病性可区分为抗侵入和抗扩展两类。抗侵入主要表现为病穗率低,抗扩展主要表现为病害严重度低。两类抗病性可存在于同一品种内,或者一个品种只有一种抗病性,该结论已成为小麦品种抗赤霉病性鉴定的基础(王裕中等,1982;徐雍皋等,1982;刘惕若等,1988;余毓君等,1988)。

有关小麦品种抗赤霉病的生理生化机制,一些学者研究认为,寄主体内与镰孢菌毒素降解有关的酶系成分和活力是小麦品种抗赤霉病强弱的决定因素(Miller et al.,1983、1985;王裕中等,1989;徐朗莱等,1991)。

小麦赤霉病抗性为细胞核控制的数量性状遗传,受多对主效基因和微效修饰基因的调控,同时又受外界环境的影响,遗传特性与抗病机制非常复杂(王雅平等,1994;姚泉洪等,1996;王裕中等,1994)。小麦赤霉病病原菌是非专化兼性寄生菌,有多种病原菌,寄主范围广,变异快。因此,小麦抗赤霉病育种难度大,进展缓慢。目前,尚未在小麦及其亲缘植物中发现免疫类型,但是小麦品种间对赤霉病抗病性差异显著。刘宗镇等(1992)对国内外一系列小麦品种进行赤霉病抗性的鉴定,评选出了一类抗性强且稳定的品种,例如地方品种望水白、剑子麦、蜈蚣麦和改良品种苏麦 3 号、扬麦 4 号、华麦 6 号等品种。为开拓新的高抗赤霉病遗传种质,我国学者(王裕中等,1982)对小麦稀有种和近缘野生植物进行了赤霉病抗性鉴定,发现冰草属、披碱草属、仲冰草属和鹅观草属的物种既抗侵入又抗扩展,是极好的抗赤霉病资源。

小麦品种抗赤霉病表现阶段性抗性:在扬花期抗性最弱,愈远离扬花期,抗病性愈强。早在 19 世纪末,人们就已发现,不同小麦品种之间的抗(耐)赤霉病性存在显著差异(Authur,1891),对此可以加以利用。多年的种植实践及室内抗病性测定结果证明,陕 229、陕 213、小偃 135 和 88(1)1629 等品种赤霉病的田间最终发病程度属于感病类型,但因病减产不大,这些品种具有群体慢发抗病性特征(胡小平等,2003)。孙道杰等(2016)通过 2014—2016 年的连续田间调查发现,在河南南阳、驻马店等小麦赤霉病重发区,西农 979、郑麦 9023、西农 509、西农 585、西农 529 等品种(系)的赤霉病发病率仅为 1% ~ 3%,抗性水平属于中等抗性或者中等感病类型,而对照品种周麦 18 及其他感病品种的发病率均在 5% 以上,有的甚至高达 60%。他们进一步通过文献调研分析发现,西农 881 和郑麦 9023 的赤霉病抗性主要源自苏麦 3 号,小偃 6 号对其抗病性也有一定的贡献;西农 585 和西农 979 等小麦品种的赤霉病抗性一方面源自苏麦 3 号,另一方面源自小偃 6 号和小偃 504;西农 509 和西农 529 小麦品种的赤霉病抗性源自长穗偃麦草。从西北农林科技大学的抗赤霉病小麦育种实践来看,长穗偃麦草衍生系应该作为新的小麦赤霉病抗源加以利用。但是,迄今为止,除我国南方尚有苏麦 3 号等少数几个抗源品种外,现有的大面积栽培品种均属感病品种(商鸿生等,1987;刘惕若,1990)。因此,小麦品种抗病性目前还不是小麦赤霉病流行的主要限制因素。

2016—2017 年,我们在陕西杨凌西北农林科技大学试验站,采用随机区组试验,在小麦扬花期人工接种小麦赤霉病菌(*Fusarium graminearum* strain BN -8)分生孢子,接种后 3 周,按照小麦穗部症状占穗部面积进行分级(图)记载小麦赤霉病为害程度(GB/T 15796—1995),评价了 199 个国家区试小麦品种抗赤霉病(穗腐)的特性,有 20 个高抗品种、32 个中等抗病品种,其余均为感病品种(表 4 -3)。

图 4 - 3　小麦赤霉病(穗腐)分级标准

0.无病;1. 病小穗数占全部小穗的 1/4 以下;2.病小穗数占全部小穗的 1/4 ~ 1/2;3.病小穗数占全部小穗的 1/2 ~ 3/4;4.病小穗数占全部小穗的 3/4 以上

表 4 - 3　国家区试小麦品种抗赤霉病(穗腐)评价

品种	ADR	秩平均数	方差	RME	95%置信区间下限	95%置信区间上限	抗病性
中育 1526	0.83	334.9	0.68	0.14	0.11	0.17	HR
苏麦 3 号	0.86	354.0	4.14	0.15	0.08	0.25	HR
偃高 168	1.00	394.0	0.06	0.16	0.15	0.17	HR
泰禾麦 6 号	1.00	394.0	0.06	0.16	0.15	0.17	HR
天民小偃 369	1.00	472.4	29.36	0.19	0.06	0.49	HR
潦麦 906	1.00	394.0	0.06	0.16	0.15	0.17	HR
粮源 3 号	1.20	480.6	3.93	0.20	0.13	0.29	HR
存麦 608	1.20	473.2	2.61	0.19	0.14	0.27	HR
郑麦 162	1.20	487.3	2.71	0.20	0.14	0.27	HR
轮选 162	1.25	492.9	4.05	0.20	0.13	0.29	HR
民丰 266	1.29	507.1	5.28	0.21	0.13	0.31	HR
稷麦 206	1.29	574.9	30.64	0.24	0.08	0.51	HR

续表

品种	ADR	秩平均数	方差	RME	95%置信区间下限	95%置信区间上限	抗病性
LS4607	1.30	547.8	9.73	0.23	0.13	0.37	HR
俊达 159	1.30	516.1	3.04	0.21	0.15	0.29	HR
德研 1603	1.30	516.1	3.04	0.21	0.15	0.29	HR
郑麦 63	1.40	552.3	4.59	0.23	0.15	0.32	HR
祥瑞 507	1.40	565.6	2.06	0.23	0.18	0.29	HR
华成 5157	1.44	613.4	15.28	0.25	0.13	0.44	HR
淮核 15076	1.50	630.1	8.74	0.26	0.16	0.39	HR
中涡 9 号	1.50	600.2	4.82	0.25	0.17	0.34	HR
天民 366	1.57	675.0	19.52	0.28	0.14	0.48	MR
封麦 12	1.60	676.5	9.67	0.28	0.17	0.42	MR
濮麦 1165[*]	1.64	684.5	11.16	0.28	0.17	0.43	MR
天民 319	1.67	700.5	13.28	0.29	0.17	0.45	MR
全河 3 号	1.70	674.4	5.83	0.28	0.19	0.38	MR
百农 8822	1.70	744.5	16.79	0.31	0.17	0.49	MR
存麦 601	1.70	713.6	13.23	0.29	0.17	0.46	MR
农友 9 号	1.70	674.4	5.83	0.28	0.19	0.38	MR
赛德麦 11	1.70	674.4	5.83	0.28	0.19	0.38	MR
瑞泉麦 32	1.70	740.6	8.49	0.30	0.20	0.43	MR
泛农 14	1.70	706.1	12.05	0.29	0.17	0.44	MR
西农 916	1.73	733.2	8.65	0.30	0.20	0.43	MR
西农 923	1.75	722.9	4.97	0.30	0.22	0.39	MR
安科 1602	1.80	717.3	5.50	0.30	0.21	0.40	MR
粮源 4 号	1.80	756.5	12.73	0.31	0.19	0.47	MR

品种	ADR	秩平均数	方差	RME	95%置信区间下限	95%置信区间上限	抗病性
青农 6 号	1.80	780.8	17.58	0.32	0.18	0.50	MR
焦麦 279	1.80	756.5	12.73	0.31	0.19	0.47	MR
厚德麦 981	1.80	788.2	18.71	0.32	0.18	0.51	MR
驻麦 762	1.89	753.2	6.21	0.31	0.22	0.42	MR
德研 0518	1.90	823.7	16.82	0.34	0.20	0.52	MR
新农 23 号	1.90	785.3	12.36	0.32	0.20	0.48	MR
涡麦 33	1.90	870.3	24.77	0.36	0.19	0.57	MR
科林 201	1.90	823.7	16.82	0.34	0.20	0.52	MR
郑麦 161	1.90	760.2	5.00	0.31	0.23	0.41	MR
赛德麦 601	1.90	753.5	6.38	0.31	0.22	0.42	MR
华展 166	1.90	855.4	22.62	0.35	0.19	0.55	MR
创麦 58	1.90	760.2	5.00	0.31	0.23	0.41	MR
泛麦 23	1.90	766.8	3.62	0.32	0.25	0.40	MR
嘉麦 208	2.00	898.3	21.56	0.37	0.21	0.56	MR
豫丰 1618	2.00	828.7	14.49	0.34	0.21	0.50	MR
隆平麦 1 号	2.00	871.4	19.87	0.36	0.21	0.55	MR
濮兴 9 号	2.00	828.7	14.49	0.34	0.21	0.50	MR
圣麦 138	2.05	856.7	5.18	0.35	0.27	0.45	MS
唐麦 323	2.07	892.9	10.06	0.37	0.25	0.50	MS
郑大 161	2.10	902.8	16.29	0.37	0.23	0.54	MS
郑麦 5138	2.10	840.1	7.47	0.35	0.25	0.46	MS
保丰 1530	2.10	863.8	6.00	0.36	0.27	0.46	MS
有麦 118	2.11	833.7	7.95	0.34	0.24	0.46	MS

续表

品种	ADR	秩平均数	方差	RME	95%置信区间下限	95%置信区间上限	抗病性
濮麦 28 号	2.13	883.1	17.07	0.36	0.22	0.54	MS
洛麦 36	2.14	946.5	31.45	0.39	0.20	0.62	MS
中育 1428	2.20	1 009.2	25.84	0.42	0.24	0.62	MS
淮麦 608	2.20	946.5	17.59	0.39	0.24	0.56	MS
郑麦 965	2.20	946.5	17.59	0.39	0.24	0.56	MS
皖科 2809	2.20	945.7	15.06	0.39	0.25	0.55	MS
创星 29	2.20	953.2	16.09	0.39	0.25	0.56	MS
乐麦 185	2.20	1 009.2	25.84	0.42	0.24	0.62	MS
矮抗 58	2.20	967.9	14.14	0.40	0.26	0.55	MS
万科 505	2.20	946.5	17.59	0.39	0.24	0.56	MS
HG0926	2.20	914.0	9.55	0.38	0.26	0.50	MS
瑞华 502	2.25	960.7	8.54	0.40	0.29	0.52	MS
西农 222	2.25	936.7	15.19	0.39	0.25	0.55	MS
泛育麦 21	2.30	912.6	8.33	0.38	0.27	0.50	MS
隆平麦 3 号	2.30	1 013.7	20.51	0.42	0.25	0.60	MS
冠麦 8 号	2.30	1 020.4	18.96	0.42	0.26	0.60	MS
苑丰 8 号	2.30	1 052.9	26.71	0.43	0.25	0.64	MS
平安 906	2.30	950.2	9.79	0.39	0.28	0.52	MS
许科 559	2.30	982.0	15.19	0.40	0.26	0.56	MS
西农 625	2.30	1 002.0	9.24	0.41	0.30	0.54	MS
禾元 17	2.30	988.6	6.45	0.41	0.31	0.51	MS
淮麦 606	2.35	1 026.3	7.92	0.42	0.32	0.54	MS
良星 187	2.35	1 023.4	8.87	0.42	0.31	0.54	MS

品种	ADR	秩平均数	方差	RME	95%置信区间下限	95%置信区间上限	抗病性
西农 235	2.35	1 010.5	6.69	0.42	0.32	0.52	MS
中农麦 4008	2.40	1 088.4	23.96	0.45	0.27	0.64	MS
德研 0516	2.40	1 088.4	23.96	0.45	0.27	0.64	MS
泛麦 528	2.40	1 056.6	18.85	0.43	0.28	0.61	MS
全河 2 号	2.40	1 024.9	13.65	0.42	0.29	0.57	MS
宝麦 312	2.40	1 024.9	13.65	0.42	0.29	0.57	MS
中颖 8 号	2.43	1 059.6	28.15	0.44	0.25	0.65	MS
粮圣 104	2.47	1 000.9	3.40	0.41	0.34	0.49	MS
华成 5189	2.50	1 084.6	22.72	0.45	0.27	0.63	MS
豫农 188	2.50	1 099.5	17.02	0.45	0.30	0.62	MS
漯麦 896	2.50	1 099.5	17.02	0.45	0.30	0.62	MS
西杂 12	2.50	1 119.5	10.01	0.46	0.34	0.59	MS
濮麦 116	2.50	1 138.7	22.91	0.47	0.29	0.65	MS
存麦 633	2.56	1 165.5	26.92	0.48	0.29	0.68	HS
宿育 0622	2.56	1 131.1	23.96	0.47	0.28	0.66	HS
中苑 1 号	2.57	1 166.2	15.93	0.48	0.33	0.64	HS
天民 118	2.57	1 120.9	24.12	0.46	0.28	0.65	HS
红运 2 号	2.60	1 135.8	16.64	0.47	0.31	0.63	HS
普冰 01	2.60	1 167.5	21.52	0.48	0.31	0.66	HS
轮选 6 号	2.60	1 205.9	24.66	0.50	0.31	0.68	HS
中植麦 13	2.60	1 167.5	21.52	0.48	0.31	0.66	HS
有麦 1 号	2.60	1 167.5	21.52	0.48	0.31	0.66	HS
天民 355	2.60	1 167.5	21.52	0.48	0.31	0.66	HS

品种	ADR	秩平均数	方差	RME	95%置信区间下限	95%置信区间上限	抗病性
郑麦 936	2.60	1 078.9	5.08	0.44	0.36	0.53	HS
许科 6 号	2.60	1 174.2	19.88	0.48	0.31	0.66	HS
宿育 8 号	2.60	1 143.2	17.55	0.47	0.31	0.63	HS
华皖麦 6 号	2.60	1 104.0	11.69	0.45	0.32	0.59	HS
浚麦 56	2.63	1 137.3	15.52	0.47	0.32	0.62	HS
商麦 178	2.65	1 128.2	12.24	0.51	0.37	0.64	HS
丰韵麦 5 号	2.70	1 108.5	6.37	0.46	0.36	0.56	HS
平安 0658	2.70	1 172.0	16.15	0.48	0.33	0.64	HS
益科麦 1516	2.70	1 179.5	17.03	0.49	0.33	0.65	HS
永丰 103	2.70	1 172.0	16.15	0.48	0.33	0.64	HS
开麦 1604	2.71	1 227.5	29.72	0.51	0.30	0.71	HS
偃高 128	2.75	1 228.5	8.91	0.51	0.39	0.62	HS
视察 8658	2.75	1 261.9	29.73	0.52	0.31	0.72	HS
创星 216	2.78	1 225.6	15.25	0.50	0.35	0.65	HS
天麦 116	2.78	1 253.4	23.14	0.52	0.33	0.70	HS
禾麦 29	2.80	1 246.7	18.52	0.51	0.35	0.68	HS
鄢丰 168	2.80	1 285.1	21.37	0.53	0.35	0.70	HS
中原 20	2.80	1 270.0	10.19	0.52	0.40	0.65	HS
丰德存麦 21	2.80	1 253.3	16.83	0.52	0.36	0.67	HS
机麦 216	2.88	1 267.6	21.02	0.52	0.34	0.69	HS
漯丰 2419	2.89	1 302.0	23.03	0.54	0.35	0.71	HS
郑麦 22	2.89	1 301.1	19.87	0.54	0.36	0.70	HS
创星 218	2.90	1 360.5	25.50	0.56	0.36	0.74	HS

品种	ADR	秩平均数	方差	RME	95%置信区间下限	95%置信区间上限	抗病性
郑品麦 30	2.90	1 321.3	20.39	0.54	0.37	0.71	HS
平安 701	2.90	1 289.6	15.95	0.53	0.37	0.68	HS
益科麦 1506	2.90	1 359.7	22.98	0.56	0.37	0.73	HS
周麦 18	2.90	1 299.9	6.91	0.53	0.43	0.64	HS
国禾麦 12	2.90	1 360.5	25.50	0.56	0.36	0.74	HS
众麦 166	2.90	1 321.3	20.39	0.54	0.37	0.71	HS
皖科 505	2.95	1 307.7	7.29	0.54	0.43	0.64	HS
金育 156	2.95	1 311.4	7.48	0.54	0.43	0.64	HS
LK1519	3.00	1 332.5	13.22	0.55	0.40	0.69	HS
盈满 208	3.00	1 228.2	3.91	0.51	0.43	0.58	HS
豫农 168	3.00	1 364.2	17.52	0.56	0.39	0.72	HS
新世纪 868	3.00	1 396.0	21.75	0.57	0.39	0.74	HS
阜麦 0808	3.00	1 294.1	10.54	0.53	0.40	0.66	HS
赛德麦 10	3.00	1 306.1	13.10	0.54	0.39	0.67	HS
徐农 14084	3.05	1 421.5	10.28	0.59	0.45	0.70	HS
万丰 6 号	3.10	1 368.7	12.08	0.56	0.42	0.69	HS
中植麦 14114	3.10	1 330.3	9.54	0.55	0.42	0.67	HS
金麦 3 号	3.10	1 298.6	5.15	0.53	0.44	0.62	HS
新麦 38	3.10	1 400.5	16.28	0.58	0.41	0.72	HS
周麦 38 号	3.10	1 470.6	22.61	0.61	0.41	0.77	HS
西农 733	3.15	1 444.8	7.63	0.59	0.48	0.70	HS
山农 116	3.15	1 462.2	14.00	0.60	0.45	0.74	HS
丰韵麦 6 号	3.16	1 434.8	8.30	0.59	0.47	0.70	HS

续表

品种	ADR	秩平均数	方差	RME	95%置信区间下限	95%置信区间上限	抗病性
许研 5 号	3.20	1 475.1	17.10	0.61	0.44	0.75	HS
皖垦麦 23	3.20	1 475.1	17.10	0.61	0.44	0.75	HS
淮核 15173	3.20	1 405.0	5.11	0.58	0.49	0.66	HS
西农 719	3.20	1 533.9	11.27	0.63	0.49	0.75	HS
赛德麦 8 号	3.20	1 411.6	9.04	0.58	0.46	0.69	HS
圣麦 119	3.28	1 513.9	8.35	0.62	0.50	0.73	HS
丰德存麦 23	3.30	1 549.8	17.42	0.64	0.46	0.78	HS
泛麦 24	3.30	1 486.3	9.77	0.61	0.48	0.73	HS
安科 1604	3.30	1 518.0	13.63	0.62	0.47	0.76	HS
滑昌 878	3.30	1 549.8	17.42	0.64	0.46	0.78	HS
金麦 24	3.30	1 447.9	7.64	0.60	0.48	0.70	HS
创新 119	3.30	1 549.8	17.42	0.64	0.46	0.78	HS
财源 6 号	3.33	1 477.0	9.10	0.61	0.48	0.72	HS
郑育麦 24	3.35	1 591.2	8.93	0.65	0.53	0.76	HS
淮麦 304	3.35	1 536.1	6.02	0.63	0.53	0.72	HS
郑大 1501	3.40	1 541.7	4.29	0.63	0.55	0.71	HS
D0932 – 23	3.40	1 522.5	8.13	0.63	0.51	0.73	HS
祥瑞 505	3.40	1 484.1	6.13	0.61	0.51	0.70	HS
涡麦 77	3.40	1 587.0	10.18	0.65	0.52	0.77	HS
青农 3 号	3.42	1 613.5	12.63	0.66	0.51	0.79	HS
福穗 2 号	3.42	1 614.1	6.95	0.66	0.55	0.76	HS
稷麦 207	3.44	1 595.2	14.00	0.66	0.50	0.79	HS
圣麦 137	3.45	1 594.9	5.14	0.66	0.56	0.74	HS

品种	ADR	秩平均数	方差	RME	95%置信区间下限	95%置信区间上限	抗病性
科麦 1608	3.50	1 635.6	9.74	0.67	0.54	0.78	HS
华成 865	3.50	1 558.8	6.37	0.64	0.54	0.73	HS
永优 0686	3.50	1 628.9	11.66	0.67	0.52	0.79	HS
兆丰 7 号	3.50	1 606.8	10.98	0.66	0.52	0.78	HS
新麦 45	3.50	1 597.2	8.11	0.66	0.54	0.76	HS
瑞华 1568	3.53	1 634.8	5.47	0.67	0.57	0.76	HS
华麦 3102	3.55	1 669.6	4.90	0.69	0.59	0.77	HS
封麦 18	3.56	1 600.2	7.07	0.66	0.55	0.76	HS
徐麦 14017	3.60	1 706.9	4.70	0.70	0.61	0.78	HS
新植 6 号	3.65	1 740.9	4.91	0.72	0.62	0.80	HS
特早熟 528	3.65	1 760.5	5.78	0.72	0.62	0.81	HS
周麦 37	3.67	1 725.8	8.01	0.71	0.59	0.81	HS
众麦 99	3.70	1 708.1	5.34	0.70	0.60	0.79	HS
济麦 44	3.73	1 770.4	3.52	0.73	0.65	0.80	HS
济麦 44	3.75	1 783.8	2.78	0.73	0.66	0.79	HS
濮丰 743	3.78	1 766.1	4.95	0.73	0.63	0.81	HS
许农 10 号	3.79	1 811.8	3.18	0.75	0.67	0.81	HS
中垦麦 9 号	3.80	1 813.7	5.75	0.75	0.64	0.83	HS
丹麦 168	3.80	1 782.7	4.08	0.73	0.65	0.81	HS
徐麦 12178	3.80	1 801.9	2.17	0.74	0.68	0.80	HS
豫泉麦 6 号	3.80	1 782.7	4.08	0.73	0.65	0.81	HS
中麦 578	3.85	1 820.0	1.55	0.75	0.70	0.80	HS
金麦 1 号	3.89	1 849.1	2.85	0.76	0.69	0.82	HS

品种	ADR	秩平均数	方差	RME	95%置信区间下限	95%置信区间上限	抗病性
新良 5 号	3.90	1 857.4	2.31	0.76	0.70	0.82	HS
淮河 7 号	3.90	1 857.4	2.31	0.76	0.70	0.82	HS
豫源 916	3.90	1 876.6	1.29	0.77	0.72	0.81	HS
西农 285	3.95	1 894.7	0.60	0.78	0.75	0.81	HS
西纯 998	4.00	1 932.0	0.04	0.80	0.79	0.80	HS
永民麦 1 号	4.00	1 932.0	0.04	0.80	0.79	0.80	HS
丰韵麦 8 号	4.00	1 932.0	0.04	0.80	0.79	0.80	HS
泛农 12	4.00	1 932.0	0.04	0.80	0.79	0.80	HS
LS018R	4.00	1 932.0	0.04	0.80	0.79	0.80	HS
粮安 4 号	4.00	1 932.0	0.04	0.80	0.79	0.80	HS

ADR = Average disease rating；RME = Relative marginal effects；HR，high resistance；MR，middle resistance；MS，middle susceptible；HS，high susceptible.

4.4.4 农业措施及农田生态条件的影响

耕作措施对小麦赤霉病的发生也有一定的影响。免耕或少耕的麦田作物收获后，田间遗留大量病残体，来年发病重；上一生长季节种植寄主植物如玉米、水稻，发病严重（Dill - Macky et al. , 2000；Bateman et al. , 2007）。地势低洼，排水条件不良，种植密度大，施用氮肥过多、过迟，小麦生长衰弱或徒长甚至倒伏的麦田发病严重（李汉卿等，1964；商鸿生等，1987）。长期连作地块发病往往较重（Booth，1971）。中国农业科学院华东农业研究所（1958）调查发现，适宜调整小麦的播种时期，可以达到避病作用。另外，植株密度过大，通风不良，有利于发病（刘惕若，1990）；地下水位高，发病就重。麦田地势低洼，土质黏重，排水不良，往往造成高湿的小气候，有利于发病（李汉卿等，1964）。据商鸿生等（1980）研究，低湿地块的病穗率较高。灌水可以提高土壤湿度和田间小气候湿度，促进赤霉病的发生。他们进一步分析指出，20 世纪 60 年代后期至 90 年代初期,小麦赤霉病成为关中灌区的常发性病害,原因之一是灌溉条件迅速改善和地下水位大面积上升(商鸿生等,1987)。进入 21 世纪以来,特别是 2012、2015、2016 年的全国小麦赤霉病大流行,除了品种、气候因素外,还与近年来全国推行的玉米秸秆还田有很大的关系(张平平等,2016)。

第五章　病害的监测与预警

　　作物病虫害的监测与预警是植物保护的中心工作任务之一。在过去的60余年中,我国作物病虫害预测预报工作已取得了长足的进步和发展,在测报网络机构的建设,预测预报的标准化、信息化、网络化、规范化等方面成效显著,特别是近年来实现了全国重点测报区域站点基础数据的收集、处理、存储等功能,提出了作物病虫害测报结果的五位(电视、广播、手机、网络、明白纸)一体发布新模式。但与发达国家相比较,在高新技术和设备的建设与应用、预测预报技术研究、基层专业测报人员队伍的人员数量及其稳定性等方面尚存在一定差距(Hu et al. , 2015;张跃进等,2013;刘万才等,2010,2015)。

　　病害监测设备的开发与应用可以追溯到1882年,Ward用载玻片模拟咖啡叶片固定在树干上捕捉咖啡锈菌 Hemileia vastatrix。1952年,英国的Burkard 科学仪器制造公司与几所大学合作,在 Hirst 装置(Bartlett and Bainbridge,1978)的基础上研制出了一款七天孢子容量测定收集器(Burkard 7 – day volumetric spore sampler),并不断优化成田间用气旋采样器(Cyclone sampler for field operation),真菌孢子可以被收集到1.5 mL 的小离心管中,然后通过显微观察、免疫学或者分子生物学技术进行鉴定和测量,这也是目前世界最顶尖的孢子捕捉器,被认定为业界标准孢子捕捉器(Burkard, 2001)。1957年,Perkins 开发出世界首台高速旋转式自动孢子捕捉器 Rotorod Sampler,用于小麦秆锈病菌 Puccinia graminis f. sp. tritici 夏孢子传播规律的研究(Asai, 1960)。1975年,我国浙江金华地区农科所研制出了一台定时自控电动孢子捕捉器,用于捕捉赤霉病菌的子囊孢子(金华地区农科所,1976)。1983年,英国科学家依据作物病害与其生长环境的温度、湿度、叶片湿润情况、降雨和风速等因子的关系,研制出了世界首台作物病害预报装置,定名为"作物致病外因监视器(Crop Disease External Monitor, CDEM)",用于马铃薯晚疫病、云纹病、斑枯病、大麦叶锈病、苹果黑星病和蛇麻霜霉病等病害的早期预报(杨世基,1984)。1986年,比利时HAINAUT省农业应用研究中开始马铃薯晚疫病预警研究,并进行了不断的改进和完善,建立了基于自动微型气象站的马铃薯晚疫病远程实时预警系统,在我国各马铃薯主要栽培区进行测试和推广,实现了晚疫病的远程实时监测和预警,很好地指导着晚疫病的防治工作(谢开云等,2001;龙玲等,2013)。随着近年来的物联网技术、传感器及电子技术、通信技术的飞速发展,作物病虫害测报事业也迎来了新的发展机遇。

近年来,农业部种植业管理司和全国农业技术推广服务中心高度重视农作物病虫害预测预报工作,与相关企业和植保机构联合研发了一批农作物病虫害监测工具,并进行了示范和推广,初步实现了病虫害测报工作的自动化、信息化,为建设现代植物保护体系奠定了基础。如自动虫情测报灯(刘万才等,2001;王贵生等,2006)、田间小气候仪、害虫性诱捕器、孢子捕捉仪、农用透视仪、马铃薯晚疫病实时监测预警系统(龙玲等,2013;唐建锋等,2014)、农作物重大病虫害数字化监测预警系统、闪讯害虫远程实时监测系统、田间病虫害数据采集系统、小虫体自动计数系统等等(刘万才等,2015)。但现阶段面临的主要问题有:

(1)多年积累的数据需要进一步挖掘利用,并建立切实可用的病虫害预测预报模型;

(2)基于物联网的病虫害测报工具的开发与推广应用。

病虫害的预测预报在农业生产中起着重要的指导作用。准确的预测预报能够明确是否需要药剂防治以及药剂防治效益,将损失降到最低。目前,国内外小麦赤霉病的预测预报大致可分为以下三种类型。

5.1　利用菌量进行预测

以菌量为主的预测包括捕捉空中赤霉病菌孢子数的方法和田间病残体调查法,其中应用最广泛的是空中孢子捕捉法(表5-1)。主要在3月下旬至4月下旬,利用电动孢子捕捉器或水盘法监测空中孢子数,根据孢子数与发病的关系进行预测。

表 5 - 1　利用孢子捕捉法预测小麦赤霉病的研究

参考文献	预测模型	参数
上田进(1973)	$Y = -2.721 + 0.317X$	Y 为病穗率,X 为 4 月中旬高速电动孢子捕捉器捕捉的子囊孢子数
周华月(1983)	$Y = -10.5257 + 0.5705X$	Y 为病小穗率,X 为 3 月下旬低速电动孢子捕捉器捕捉的子囊孢子数
张华旦(1984)	$Y = 0.09757X_1 - 4.182$; $Y = 0.1697X_2 - 4.739$	Y 为病穗率,X_1 和 X_2 分别为小麦始花前 10 d 和 4 月上旬水盘琼脂培养法得到的平均每盘的菌落数
周世明等(1987)	$Y = 9.69 + 0.3042X_1$; $Y = 14.6790 + 0.1813X_2$	Y 为病穗率,X_1 和 X_2 分别为 4 月中旬和 4 月下旬高速孢子捕捉器捕捉的孢子数

田间病残体调查法以田间稻桩或玉米秸秆带菌率、子囊壳成熟程度等预测小麦赤霉病的发病程度(宋焕增,1979;商鸿生等,1980;范仰东等,1985;李金锁,1990)。

空中孢子捕捉法在我国长江中下游麦区应用广泛,预测准确度高。但是对于黄淮麦区,由于缺乏水分条件,子囊孢子成熟后往往不会立即释放,一旦下雨就突然大批释放,不适合用子囊孢子捕捉法来进行小麦赤霉病的预测。与之相比,田间病残体调查法更适用于我国黄淮麦区。玉米秸秆基数·子囊壳密度与病穗率的相关系数为 0.96(商鸿生等,1980),而稻桩带菌率与病穗率相关系数在 0.6 左右(宋焕增,1979;范仰东等,1985;李金锁,1990)。

5.2　利用气象因子进行预测

小麦赤霉病是典型的气候性病害,其流行程度在地区间、年际间的差异主要取决于气象条件。国内外对小麦赤霉病的预测如表 5 - 2 所示,主要依据抽穗至扬花期的降雨量、雨日、平均气温和相对湿度。

表 5-2　利用气象因子预测小麦赤霉病的研究

参考文献	预测模型	参数	预测效果
高崎等 (1983)	$Y = 1.630 + 1.212X_1$ $+ 0.117X_2 - 0.614X_3$	Y 为病穗率,X_1、X_2、X_3 分别为抽穗后 10 d 内的降雨量、平均气温和雨日	预测准确性高
陈宣民等 (1984)	$Y = -93.5575 + 3.5405X_1$ $+ 7.1512X_2 + 6.6652X_4$	Y 为病穗率,X_1、X_2、X_4 分别为 4 月上中旬平均气温、大于 1 mm 以上的降雨日数、大于始病气温的降雨日数	预测值与实测值误差小于 4%,拟合率达到 100%
韩长安等 (1994)	$Y = -42.2800 - 2.4096X_1$ $+ 0.0258X_2$ $+ 3.1240X_3 + 6.949X_4$	Y 为病穗率,X_1 为 4 月上中旬相对湿度低于 75% 的天数,X_2 为 4 月下旬至 5 月上旬降雨量,X_3 为 4 月下旬至 5 月上旬相对湿度大于等于 90% 的天数,X_4 为 4 月份每天最低温度的平均值	根据 1956—1985 年历史资料检测,准确率 80%,1985—1992 年预报准确率达 85.7%
左豫虎等 (1995)	$Y_3 = 2099.21 - 54.62X_1$ $+ 0.355X_1^2 +$ $0.006X_3X_4 - 0.0003X_4^2$ $Y_4 = 1989.51 -$ $52.36X_1 + 0.344X_1^2 +$ $0.004X_3X_4$	Y_3 和 Y_4 为病穗率,X_1、X_3、X_4 分别为 6 月至 7 月的平均相对湿度、降雨日数和日照时数	根据 1959—1987 年历史资料检测,模型 $Y3$ 和 $Y4$ 的准确率分别为 91.3% 和 82.6%。1989—1993 年预测也比较准确

参考文献	预测模型	参数	预测效果
Moschini 等(1996,2001)	$PI\% = 20.37 + 8.63NP_2 - 0.49DD_{926}$ $PI\% = 18.34 + 4.12NP_{12} - 0.45DD_{1026}$	PI% 为病穗率，NP_2 为连续两天降雨量大于 0.2 mm 且第一天相对湿度大于 81%、第二天相对湿度大于 78% 的数目，NP_{12} 为 NP_2 加上降雨量大于 0.2 mm，且第一天相对湿度大于 83% 的总天数，DD_{926} 和 DD_{1026} 为抽穗前 8 d 累积温度	1993—1995 年检测结果证明，预测比较准确
Hooker 等(2003,2004)	$DON = e^{(-0.30 + 1.84RINA - 0.43RINA^2 - 0.56TMIN)} - 0.1$, $R^2 = 0.55$	DON 为 DON 的含量($\mu g/g$)，RINA 为降雨量大于等于 5 mm 的天数，TMIN 为平均气温小于 10℃ 的天数	1996—2003 年预测准确率为 76%
De Wolf 等(2003)	$Y_A = -3.3756 + 6.8128TRH9010$, $Y_B = -3.7251 + 10.5097INT3$	Y 病害严重度，TRH9010 为开花后 10 d 气温大于等于 15℃、小于等于 30℃，相对湿度大于 90% 的时间(h)，INT3 为 T15307 · DPPT7，T15307 为开花期 7 d 温度大于等于 15℃、小于等于 30℃ 的时间(h)，DPPT7 为花前 7 d 降雨时间(h)	Y_A 和 Y_B 的准确度均达到 84%

此外，气象因子也可作为分区治理依据，将地势复杂的、难以用单个模型预测的地区进行划分。汤志成和居为民(1990)根据各地历年的病害发生情况和

感病关键期的气象条件,使用模糊聚类的方法将江苏省分为 4 个不同的赤霉病区:太湖和沿江东部地区（Ⅰ）,宁、镇、扬低山丘陵地区（Ⅱ）,里下河及其东沿海地区（Ⅲ）,淮北地区（Ⅳ）,并建立了江苏省淮河以南各地区小麦赤霉病预报的气象模式。1986、1987 年资料进行病穗率的试报结果表明,各模式有较好的预报能力。赵胜菊（1991）根据分别感病期暖雨日（日均气温≥15℃且日平均相对湿度≥81%、降雨量≥0.1 mm 的天数）≥2 d 的年出现频率≥6.25% 和62.5% 划分发生界线和长发界线。以暖雨日≥6 d 的年出现概率≥50% 和 25% 划分极重病界线和重病界线。以暖雨日≥2 d 的年出现概率≥32.5% 划分次偶发区。该研究划分的流行分区,已为国内外学者所认可,已为我国小麦赤霉病分区治理的重要依据。

总之,气象因子预测法预测准确度较高,但是对气象数据的要求较高,同时仅利用气象因子预测模型需考虑地域特异性。

5.3 气象因子和菌量相结合进行预测

单纯利用菌量或气象因子进行预测的研究,主要是对预测变量和病害的历史数据进行相关性分析或逐步回归分析,从而选出合适的预测因子进行预测。此方法建立的模型通常是经验模型,历史资料拟合率高,但预测准确度较低,且具有地域特异性,不易于推广。随着小麦赤霉病流行因素和侵染循环研究的不断深入,国内外学者开始将气象因子和菌量相结合,建立针对小麦赤霉病流行系统模拟模型的研究。

张文军（1993）将小麦赤霉病的流行动态过程划分为侵入、潜育、显症等子系统,建立的预测模型为:

$$DF = 100 \times (0.025\ 812 + 0.216\ 346GP) \times (-0.008\ 198 + 0.047\ 46D)$$
$$\times (0.166\ 156 + 0.046\ 870RE) \times (t + 5.066\ 667$$
$$-0.5RE)^{1.512\ 642\ -\ 0.082\ 118RE}\ e^{\ -(0.176\ 598\ +\ 0.002\ 426RE)\ \times\ (t\ +\ 5.066\ 667\ -\ 0.5RE)}$$

式中,DF 为病穗率;t 为抽穗后侵入的天数;D 为侵入期间高湿时间（d）;RE 为品种开花期值;GP 为地面以上 10 cm 处的孢子密度（个·cm^{-2}）。其准确性已得到大田验证预测,但是起始时间在开花期,药剂准备时间比较紧急,可能会错过防治适期;且地面以上 10 cm 处的孢子密度,需要在不同地区设置玉米残秆产壳动态观测湿圃和自然圃,比较复杂。

Rossi 等(2003)综合菌量、气象条件、寄主感病期建立模型:

$$FHB\_risk = SPO \times DIS \times INF \times GS$$

式中,*SPO* 为日产孢率(Rossi et al., 2002);*DIS* 为孢子飞散率;*INF* 为侵染概率(Rossi et al., 2001);*GS* 为寄主生长阶段。

Emerson 等(2005)建立模拟模型:

$$GIB4 = ST \times INF \times GZ$$

式中,*ST* 为感病组织的比例;*INF* 为侵染概率;*GZ* 为空中孢子捕捉量,准确率达93%。

张建明(2012)对南通市 25 年的小麦赤霉病历史资料及气候条件分析得到预测模型:

$$Y = 96.025\ 4 + 0.503\ 3X_1 + 1.242\ 5X_2 - 4.851\ 6X_4$$

式中,X_1 为 4 月 10 日大田普查稻桩带菌枝菌率;X_2 为 1 ~ 3 月雨日天数;X_4 为上年 8 月中旬平均温度,$r = 0.700\ 1$,复相关性极显著。2010 年预测病穗率为 14.22%,实际自然病穗率为 11.23%,预报与实测相符。2011 年根据上述预测式预测病穗率为负值,预报不发生,实际自然病穗率为 0.13%,预报与实测相符。

菌量和气象因子相结合的模拟模型,从原理上解释了病害侵染的整个过程,相对于经验预测模型来说,准确性高、适用范围广,是未来病害预测的方向。

5.4　小麦赤霉病远程预警系统

随着数字化技术、传感技术、信息技术的发展,植物病害的预测逐渐向数字化、自动化和简便性转化,植物病害远程预警系统应运而生。国内外学者研制、建立了不同病害的预测电子装置和网络系统,并已应用于指导农业生产。Jones 等于 1980 年研制了一种苹果黑星病预测的电子装置,利用传感器自动采集果园温度、相对湿度以及叶面湿润时间,根据单片机程序控制系统预测苹果黑星病的发生。

对于小麦赤霉病的远程预测,最早是 De Wolf 等(2006)根据花前 7 d 和开花后 10 d 的气象因子建立小麦赤霉病风险预测系统(http://www. wheatscab. psu. edu),准确度达到 75%。

周元等(2011)开发了基于地理信息系统(Geographical Information System, GIS)的小麦赤霉病气象等级预报系统,实现了江苏省小麦赤霉病气象等级预报与地理信息数据的叠加。

关中地区小麦赤霉病预测的研究开始较晚,且自张文军(1993)以后很少有人研究。由于现有模型较少且存在问题,难以指导小麦赤霉病的防治。因此,利用网络技术和单片机技术建立关中地区小麦赤霉病远程预警系统就显得尤为重要。

2012 年 12 月,西北农林科技大学胡小平课题组研发出了我国首款可以用于小麦赤霉病自动监测预警的预报器(图 5 - 1)。2013 年,他们对第一代产品进行了改进,使用保护箱保护预报器的核心部件——电路系统和单片机,并于当年 3 月份安装在陕西华县莲花寺镇万丰农场进行了田间测试(图 5 - 2),期间预报器曾经 2 次停止工作,主要原因是供电系统不停电,且预报器的功耗太大。2015 年 10 月份,将第二代产品的 3 个分散的部件设计整合在一起(图 5 - 3),便于仪器的田间安装和管理。2016 年,采用最新雨量、温度、光照传感器,重新设计制造出了第四代产品(图 5 - 4),由陕西省植物保护工作总站设计试验方案,并于 2016 年 3 月安装于陕西眉县、周至、兴平、临渭区、华州区、杨凌、商南和洋县进行田间测试检验。为了进一步拓展该预报器的功能,综合考虑了作物病虫害主要影响因素,又设计了一款可以同时检测 10 个气象指标的第五代预报器(图 5 - 5),其监测的参数包括温度、降雨量、相对湿度、露点温度、叶片表面湿润时间、日照时数、10 cm 土壤温度、10 cm 土壤含水量、20 cm 土壤温度和20 cm 土壤含水量,监测参数的数量、精度及价格均优于目前市面上比较流行的Davis Vantage Pro2 无线加强型自动气象站和 HOBO 便携式小型自动气象站(表5 - 3)。开发出了基于物联网的作物病虫害自动监测预警系统(www. cebaow-ang. com)。

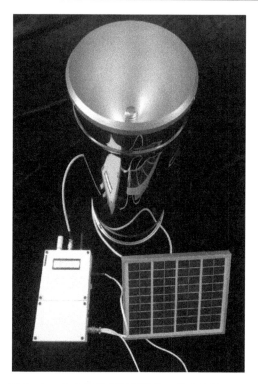

图 5-1　小麦赤霉病预报器第一代产品(2012)

图 5-2　小麦赤霉病预报器第二代产品(2013)

图 5－3　小麦赤霉病预报器第三代产品(2015)

图 5－4　小麦赤霉病预报器第四代产品(2016)

图 5-5 小麦赤霉病预报器第五代产品（2017）

表 5-3 环境气象监测仪测定参数种类及其精度范围

编号	监测的参数	参数范围		
		HQY-12 型	DVISVantage Pro2 无线加强站	HOBO HOBO 便携式小型 自动气象站
1	温度	精度 ±0.4℃	±0.5℃	±0.7℃
2	降雨量	0.1 mm	0.2 mm	0.2 mm
3	相对湿度	精度 ±2%	±3%	±3%
4	露点温度	精度 ±0.5℃	±1.5℃	±1.5℃
5	叶片表面湿润时间	精度 ±5%	—	—

编号	监测的参数	参数范围		
		HQY - 12 型	DVISVantage Pro2 无线加强站	HOBO HOBO 便携式小型 自动气象站
6	日照时数	精度 ±3%	—	—
7	10 cm 土壤含水量	精度 ±5%	—	±4%
8	10 cm 土壤温度	精度 ±0.5℃	±0.5℃	±0.5℃
9	20 cm 土壤含水量	精度 ±5%	—	±4%
10	20 cm 土壤温度	精度 ±0.5℃	±0.5℃	±0.5℃
	市场价格(万元)	2.0	2.2	2.1

在国外,针对小麦赤霉病发生概率、毒素含量等已开展了大量而深入的研究。美国、比利时、意大利、阿根廷等国家的科学家根据降雨天数、温度和相对湿度等气象因子分别建立了预测赤霉病发生和产生毒素的风险概率模型(De Wolf et al., 2003; van Maanen and Xu, 2003; Detrixhe et al., 2003; Dalla et al., 2005; Rossi et al., 2003; Moschini and Fortugno, 1996; Moschini et al., 2001; Fernandes et al., 2004)。加拿大的科学家根据开花前后不同降雨量和温度持续的天数建立了脱氧雪腐镰刀烯醇含量的预测模型(Hooker and Schaafsma, 2003; Hooker et al.,2002; Schaafsma and Hooker,2006)。日本的上田进等根据4 月中旬离地 50~80 cm 处子囊孢子捕捉数量,建立回归模型来预测赤霉病的病穗率(上田进,1973)。

在我国,小麦赤霉病主要发生在长江中下游冬麦区、西南华南冬麦区、东北春麦区和黄淮冬麦区。在长江中下游稻麦两熟、三熟区发病最为严重,相关研究起步早且比较深入,病害预测主要涉及大尺度气象因子如大气环流、海温、厄尔尼诺等(赵圣菊和姚彩文,1989;姚彩文等,1988;居为民和高苹,2001),中小尺度气象因子如温度、相对湿度、光照强度、降水量等(冯成玉等,1998;黄渭浒,1988),以及 3、4 月田间稻桩子囊壳带菌率、孢子捕捉数量等(周世明等,1989;周华月,1983;张华旦,1984)。在东北春麦区,左豫虎等(1995)在前人工作的基础上(刘惕若,1984),利用黑龙江省八五四农场设置的病圃所积累的23年的田间小麦赤霉病病情资料,并结合各种气象因子建立了小麦赤霉病病穗率的预测模型。而在西南华南冬麦区及黄淮麦区的研究起步相对较晚,报道较少。陕西关中小麦玉米两熟,田间带菌的玉米残秆是小麦赤霉病的初侵染菌源(商鸿生等,1980)。20世纪90年代商鸿生等(1999)根据气象因素、地下水位因素等对关中地区小麦赤霉病进行流行分区,为小麦赤霉病分区治理提供了依据。张文军(1993)根据菌源量、小麦品种开花期特性和气象因子等因素建立了关中地区小麦赤霉病预测模型,该模型使用地面以上10 cm处孢子密度实测值作为预测因子。

近年来,由于复种夏玉米面积的扩大,以及玉米秸秆还田措施的大力推广和实施,加之大面积栽培的小麦品种均为感病品种,为小麦赤霉病的流行提供了足量的寄主和菌源。本研究针对我国小麦－玉米两熟区,且玉米秸秆还田面积逐年扩大的实际,通过模拟试验和田间调查相结合的方法,研究产生子囊壳玉米秸秆密度与穗表赤霉菌孢子数的关系,建立了小麦赤霉病病穗率预测模型(张平平等,2015),利用物联网技术开发了小麦赤霉病自动监测预警系统,并于2015—2016年在陕西关中地区6个县区进行了试验验证,系统稳定,预测准确度高,为农户、农业技术人员及政府部门进行小麦赤霉病的防治决策提供了科学依据。

在2016年4月上旬,调查了眉县、杨凌区、兴平、周至、临渭区和华州区麦田产子囊壳的玉米秸秆密度。可以看出,各地产壳玉米秸秆密度存在较大差异,关中东部(临渭区和华州区)小麦田中产壳玉米秸秆密度高于关中西部(周至、兴平、杨凌和眉县,见表5－4)。

表5－4 2016年陕西关中地区小麦田产壳玉米秸秆密度

地点	调查田块数	产壳玉米秸秆密度(个/m²)
眉县常兴镇	6	0.010 7
周至马召镇	7	0.014 0
杨凌区	5	0.005 0
兴平市丰仪镇	10	2.000
临渭区故市镇	10	2.000
华州区万丰农场	10	0.330 0

2016 年 4 月中旬,小麦赤霉病自动监测预警系统发布的临渭区、华州区、兴平、周至、眉县和杨凌区小麦赤霉病病穗率预测结果依次为 50.1%、15.2%、15.2%、6.8%、2.1% 和 2.0%;2016 年 5 月 24~25 日,各试验点小麦赤霉病实际发生情况现场调查结果表明,以上各点小麦赤霉病病穗率依次为 41.0%、12.6%、27.2%、7.3%、1.5% 和 1.0%(表 5-5)。

表 5-5 2016 年陕西关中小麦赤霉病监测与预测结果

(袁东贞等,2017)

地点	经纬度	品种	调查总株数	病株数	实测值		预测值	
					病穗率(%)	流行等级	病穗率(%)	流行等级
眉县常兴镇	N 34°18′20″ E 107°42′47″	小偃 22	1 100	15	1.4	1	2.1	1
周至马召镇	N 34°4′46″ E 108°11′35″	中麦 895	700	51	7.3	1	6.8	1
杨凌区	N 34°17′31″ E 108°3′57″	小偃 22	1 900	19	1.0	1	2.0	1
兴平市丰仪镇	N 34°16′22″ E 108°25′7″	小偃 22/隆麦 813 /西农 805/ 丰德存 5 号	2 200	599	27.2	3	15.2	2
临渭区故市镇	N 34°36′58″ E 109°34′24″	小偃 22/郑麦 366	1 000	410	41.0	5	50.1	5
华州区 万丰农场	N 34°33′19″ E 109°49′1″	丰德存 1 号	650	82	12.6	2	15.2	2

在陕西关中地区,各个品种的扬花期基本一致,前后大概相差 1~2 d,且均为较感病的品种。

将实测和预测的小麦赤霉病病穗率按照小麦赤霉病流行等级划分标准(GB/T 15796—2011)进行分级(表 5-5),将相应数值带入肖悦岩的预测预报准确度评估计算公式:

$$R = \frac{1}{n} \sum_{i=1}^{n} \left(1 - \frac{|F_i - A_i|}{M_i}\right) \times 100\%$$

$$= \frac{1}{6} \Big[\big(1 - \frac{|1-1|}{4} \big) + \big(1 - \frac{|1-1|}{4} \big) + \big(1 - \frac{|1-1|}{4} \big)$$

$$+ \big(1 - \frac{|2-3|}{3} \big) + \big(1 - \frac{|5-5|}{5} \big) + \big(1 - \frac{|2-2|}{3} \big) \Big] \times 100\%$$

$$= 94.4$$

因此,该系统的预测准确度为94.4%。

2017年,陕西在全省26个县市安装了小麦赤霉病自动监测预警系统,同时在各个县市设置一定面积未喷药防治的感病品种作为监测预警效果评估的依据。2017年4月下旬,小麦赤霉病自动监测预警系统发布了26个县市的赤霉病发生程度的预测结果(表5-6)。各县市的田间发病情况调查时间是从5月25日至6月2日(小麦品种蜡熟期),每个区随机选取10个样点,每样点5行,每行10穗,共500穗,计算病穗率。首先根据病穗率分别对实测调查结果和预测结果进行赤霉病流行等级划分(GB/T 15796—2011):病穗率(DF)≤0.1%,0级,不发生;0.1% < DF ≤10%,1级,轻发生;10% < DF ≤20%,2级,偏轻发生;20% < DF ≤30,3级,中等发生;30% < DF ≤40,4级,偏重发生;DF > 40%,5级,大发生。采用最大误差参照法检验预测的准确度(肖悦岩,1997)。从预测与实测结果来看,除了渭南华州区、渭南临渭区和咸阳永寿县预测结果与实测结果间存在较大差异外,其他23个县市的预测结果与实测结合基本相符,预测的准确率高达83.5%。

表5-6 陕西省小麦赤霉病监测预警及实测结果

县区	实测病穗率(%)	实测流行等级	预测流行等级
周至县	4.60	1	1
长安区	2.40	1	1
蓝田县	0.00	0	0
高陵区	5.20	1	1
鄠邑区	5.30	1	0
蒲城县	1.00	1	0
华州区	13.60	2	5
华阴市	12.80	2	2
临渭区	12.87	2	4

县区	实测病穗率(%)	实测流行等级	预测流行等级
富平县	5.20	1	1
眉县	0.00	0	1
泾阳县	8.00	1	0
兴平市	5.50	1	0
三原县	1.00	1	0
武功县	1.20	1	1
汉阴县	1.95	1	1
洋县	21.07	3	3
岐山县	0.40	1	1
陈仓区	0.25	1	1
商南县	4.50	1	1
山阳县	0.40	1	1
洛南县	0.00	0	1
商州区	0.00	0	1
礼泉县	0.00	0	0
永寿县	0.00	0	3

5.5 小麦赤霉病菌毒素预测模型

采用温室接种试验研究了 F. avenaceum、F. culmorum、F. graminearum 和 F. poae 四种可引致小麦赤霉病的病原真菌在穗表湿润时间(6～48 h)和温度(10～30℃)条件下,单独、二者或者三者混合接种后,小穗发病率、真菌毒素浓度及真菌生物量(真菌的总 DNA)间的关系。结果表明,在侵染初期,高温(≥20℃)可显著的增强毒素的产生;混合接种不存在协同促进作用,弱致病菌株的生物量会比其单独侵染的减少90%以上,而混合接种会导致毒素产量的显著增加,F. graminearum 菌株的竞争能力最强,其他 3 种菌株的竞争能力相似。基于这些数据,建立了赤霉病菌单独侵染或混合侵染产生 DON、NIV 毒素的预测模型(表 5 - 7)。为进一步预测和控制染病籽粒中毒素含量奠定了理论基础。

表5－7　小麦赤霉病菌毒素预测模型

病原菌种类	毒素预测模型
F. graminearum（Fg）	$\mathrm{Ln(DON)}=8.17+0.88(tw)^{1/2}+1.05D, r=0.88$
F. culmorum（Fc）	$\mathrm{Ln(NIV)}=8.12+0.093t^2w+0.11D, r=0.96$
F. avenaceum（Fa）	－
F. poae（Fp）	$\mathrm{Ln(NIV)}=5.08+1.23D+0.056t^2w, r=0.97$
Fc－Fp	$\mathrm{Ln(NIV)}=7.19+0.187t^2w-0.935G, r=0.82$
Fg－Fp	－
Fa－Fp	$\mathrm{Ln(NIV)}=8.84+1.37(tw)^{1/2}+3.48t-0.73t^2, r=0.97$
Fa－Fg－Fp	－
Fa－Fc－Fp	$\mathrm{Ln(NIV)}=8.63+3.67t^{1/2}+1.04(tw)^{1/2}, 0.98$
Fc－Fp－Fg	$\mathrm{Ln(DON)}=7.05+0.162t^2w, r=0.91$

注：t，温度；w，湿润时间；G，籽粒含水量（％）；D，病菌的 DNA 总量；DON，脱氧雪腐镰刀醇；NIV，雪腐镰刀菌烯醇。

5.6　小麦赤霉病的损失模型

小麦赤霉病为害小麦后，主要造成产量降低、品质变劣和种用价值降低。数量损失包括穗粒数的减少，单穗粒数降低和千粒重的降低。质量损失主要表现在病粒率，对于不同级别的病粒提出了外形特征的鉴别指标。病粒率的高低因受害时期早晚而波动。种用价值的损失主要表现为发芽率明显降低。小麦在抽穗、盛花和盛花后 5 d 是小麦对赤霉病的易感期，而以盛花期为最易感期。此期以后各期接种产量损失随接种期的延后而减轻，以至于与对照产量无明显差异。

为了田间快速估计小麦赤霉病产量损失的简易方法，经过多年试验研究，明确了病情指数与穗粒数减少，穗粒重和千粒重降低以及病粒率的增长呈明显的线性关系；同品种在不同地域中同一病情级别下，其产量损失差异可达到极显著水平。建立的这一简单明了的估计办法（表5－8），使赤霉病的产量损失这一个复杂问题的估计大大简化，如产量损失约为病穗率的2/5，约为病情指数的3/5。

表 5 - 8　小麦赤霉病产量质量损失指标相当病情的比值

损失 指标	产量 损失率	病粒率	千粒重 损失率	病粒重 损失率	单穗粒数 损失率	单粒重 损失率	病小 穗率
病穗率	2/5	1/2	3/10	1/2	1/5	3/10	1/2
病情指数	3/5	4/5	1/2	3/5	1/5	1/2	4/5

5.7　植物病害计算机模拟系统

1969 年，Waggoner 和 Horsefall 建立了第一个植物病害计算机模拟模型——EPIDEM(番茄早疫病流行模拟系统)，开创了植物病害流行计算机模拟模型研究的先河。我国计算机模拟系统开始于 20 世纪 80 年代初，曾士迈等在1981 年率先发表了小麦条锈病春季流行的简要模型，此后我国植物病害流行计算机模拟的研究发展迅速。目前我国在小麦赤霉病计算机模拟模型研究方面已经取得了长足的进步(表 5 - 9)。

表 5 - 9　小麦赤霉病计算机模拟模型

系统名称	系统功能	预测效果	参考文献
小麦赤霉病数据管理系统(DMS)	储存大量小麦品种、赤霉病菌量以及气象资料等信息，可以进行数据的检索、查询、数理统计、求经验式	1957—1980 年检测吻合率 100%，武麦一号逐日病穗率检测结果表明DMS 建立的经验式准确性好	周世明等(1987)
上海地区小麦赤霉病预测专家系统(WSPES)	利用灰色灾变模型和模糊相似优先比矩阵对上海地区小麦赤霉病进行长、中、短期预测	1986—1989 年试报结果表明预测效果良好	欧阳达等(1991)
小麦赤霉病流行动态模拟模型(SYMDYS)	根据潜育速率模型、侵染概率模型、菌量模型、显症率模型和重复侵染模型等不同模块预测小麦赤霉病发病动态	结果表明，SYMDYS 预测与杨凌、眉县、扶风等地实际观测动态吻合程度较高	张文军(1993)

　　总体来看,植物病害计算机模拟系统一般包含两方面内容:一是专家系统,根据已有的数据及专家的知识、经验等进行推演病害的发生情况;二是决策支持系统,根据数据库、模型库、方法库及各自的管理系统为决策者提供病害的预测方法和预测模型。植物病害计算机模拟系统虽然在预测准确度和预测效率方面具有显著的优势,但是真正投入使用指导病害防治的却不多。因为计算机模拟系统专业性较强,需要同时具备相当的植保专业知识和计算机专业知识,对于基层技术人员和农民来说,使用难度太高。

第六章 防治技术

　　小麦赤霉病的初侵染来源广泛,流行因素复杂,防治策略应该是以农业防治为基础,药剂防治为关键,实行综合防治。在农业措施中要强调农田灌溉应趋利避害、排灌结合,改进灌溉技术,降低地下水位和田间湿度。在施肥方面应该追施氮肥的数量和时期,逐步做到以产定肥、按需施肥。在黄淮流域冬小麦－夏玉米复种区,压低菌源的关键是淘汰严重感染茎腐病的玉米品种,选配和推广抗病杂交种。在赤霉病的防治中,选用和使用抗病品种是防治的长远方向。这些措施在短期内不可能奏效,药剂防治仍然是小麦赤霉病综合防治的关键措施,提高药剂防治效果的重点是抓好病情预测预报,加强药剂防治的针对性。

　　我国小麦赤霉病药剂防治研究大体上始于 20 世纪 50 年代,使用的药剂种类繁多,除在感病期药剂喷治外,拌种和土壤处理法的应用也相当广泛。药剂拌种有助于杀死种子携带的病原菌,提高出苗率,但对穗腐无效。土壤处理也不能从根本上解决穗腐问题。随着内吸性杀菌剂的出现,药剂防治的重点转向感病期的喷治上,且药剂的种类趋于单一化,主要是甲基托布津、多菌灵、甲基硫菌灵、戊唑福美双、氰烯菌酯、戊唑醇等药剂。在防治时,要在抽穗至扬花期喷药防治,要注重药物搭配,避免或者降低病菌产生抗药性的风险,对于高感品种的防治适期可以提前至破口抽穗期。要保证足量用药,多菌灵有效成分 50 克/亩,不得减少用药量和用水量。北方麦区在关键时期应防治 1 次,南方麦区流行年份应防治 2 次。总体来讲,适期 1 次防治比增加喷药次数更为重要。

　　针对近年来发生日益严重的小麦茎基腐病问题,西北农林科技大学与陕西省植物保护工作总站以及蒲城、富平等植保站正在联合攻关研究。

全国农业技术推广服务中心推荐的小麦赤霉病防控技术体系是：

（1）防治策略。按照赤霉病发生危害规律，坚持分类指导、分区施策。长江中下游、江淮和黄淮南部等小麦赤霉病常发麦区，必须坚持"主动出击"不动摇，全面落实预防控制措施；黄淮中北部、华北南部麦区，要坚持"预防为主"不放松，一旦抽穗扬花期遇连阴雨、结露等适宜病害流行的天气，应立即组织施药，严防病害发生流行。

（2）防治技术。为控制赤霉病发生、降低毒素污染，要及时喷施对路药剂预防。一是在小麦赤霉病常发区，特别是长江中下游麦区，坚持"见花打药、适期防治"。小麦齐穗至扬花初期是预防控制小麦赤霉病发生危害的最佳时期，"见花打药"可起到事半功倍的效果。如遇到连阴雨、大面积结露和雾霾等适宜病害流行天气，应在第一次用药 5～7 d 后，再次喷药防治，切实做到雨前预防和雨后控制相结合。对于北方麦区或者小麦赤霉病偶发区，加强预测预报，实现精准防治。在小麦赤霉病发生区，推广使用小麦赤霉病预报器进行赤霉病发生趋势预报，根据小麦赤霉病预报器预测结果，对赤霉病发生区在小麦抽穗和杨花初期进行化学防治，采用的药剂种类根据抗药性检测结果确定其种类和用量，确定小麦赤霉病防治面积和防治区域。避免盲目防治和延误防治。二是推广种植中抗赤霉病小麦品种，禁止高感品种的种植。在赤霉病发生严重的区域，禁止种植高感品种，选用中抗类型 - 中感类型品种，结合后期农药防治，可有效控制小麦赤霉病的危害。三是坚持"科学选药、轮换用药"。优先考虑耐雨水冲刷的药剂，保证用药效果；需二次用药的田块，推荐轮换使用不同作用机理的药剂品种，以延缓抗药性产生。尤其是出现多菌灵抗性问题的地区，建议选用氰烯菌酯、戊唑醇等三唑类药剂及其复配制剂，确保预防控制效果、降低毒素污染风险。四是坚持"强化田间管理，改善环境"。要加强田间管理，科学运筹肥水，防止小麦群体过大造成植株郁闭，改善通风透光条件；及时清沟理墒，降低田间湿度，避免形成适宜病害流行的环境条件，以减轻病害流行危害。同时，清除地表玉米残秆，减低田间初侵染菌量。关中西部沿渭河地带有拣拾玉米秆的习惯，故田间发病很轻。实践表明大面积拣拾田间玉米残秆是一项有效的辅助防治措施。

此外，以赤霉病预防控制为重点，兼顾白粉病、蚜虫、黏虫等小麦穗期重大病虫害防控。同时,坚持防病治虫和控旺防衰相结合,分类指导、科学防控、药肥混用、保粒增重。

(3)防治方式。要适应小麦赤霉病预防控制时效性强的特点,充分发挥行政推动主导优势和专业化防治组织骨干作用,坚持统一组织发动、统一技术方案、统一药剂供应、统一施药时间、统一防控行动(即"五统一"),做到专业化统防统治和群防群治相结合,常规防治和应急防治相结合,提高防控组织化程度。

(4)保障措施。一是强化组织发动,确保防控责任到位。各级农业部门要充分认识做好小麦赤霉病预防控制的重大意义,切实加强组织领导,细化工作方案,及早安排部署,层层落实责任,强化督导检查,确保预防控制措施落实到位。二是强化监测调查,确保预报预警到位。各级植保机构在加强监测调查,准确掌握苗情、病情基础上,主动与气象部门沟通,密切关注天气变化,及时分析会商发生流行态势,积极推进现代化病虫害监测预警工具的使用,准确发布预报预警信息,明确重点防控区域和最佳防控时间,科学指导防控行动。三是强化指导服务,确保防控技术到位。要充分利用广播、电视、报刊等媒体,以及召开现场会、发放明白纸等多种形式,宣传赤霉病防控的重要性。防控关键时期,组派技术精干力量进村入户、包片驻点,普及防控技术和安全用药知识,及时指导农民做好防控工作。四是强化统防统治,确保防控效果到位。结合实施小麦"一喷三防"和重大病虫防控补助项目,并积极争取地方财政加大投入,充分发挥专业化防治组织示范引领作用,大力推进专业化统防统治,全面提高防控效果、效率和效益。

附　录

附录Ⅰ:镰刀菌属所包括的组和种

镰刀菌属所包括的组和种

1. 蛛丝组(Arachnites)

　蕉斑镰刀菌(*Fusarium stoveri*)

　烟草镰刀菌(*F. labacinum*)

　单隔镰刀菌(*F. dimerum*)

　雪腐镰刀菌(*F. nivale*)

　〔亚微孢组〕(Submicrocera)

2. 马特组(Martiella)

　茄类镰刀菌(*F. solani*)

　〔腹状组〕(ventricosum)

　迷惑镰刀菌(*F. illudens*)

　茄类镰刀菌蓝色变种(*F. solani* var. *coeruleum*)

　腹状镰刀菌(*F. venlricosum*)

　肤孢镰刀菌(*F. lumidum*)

3. 表球组(Episphaeria)

　水生镰刀菌(*F. aquaeductuum*)

　〔真粘孢团组及大孢组〕(Eupionnotes and macrocoina)

　水生镰刀菌中型变种(*F. aquaeductuum* var. *medium*)

黄杨镰刀菌（*F. buxicola*）

表座镰刀菌（*F. epislromum*）

黑绿镰刀菌（*F. melanochlorum*）

节状镰刀菌（*F. merismoides*）

球壳镰刀菌（*F. splaeriae*）

巨孢镰刀菌（*F. gigas*）

4. 枝孢组（Sporotrichiella）

三线镰刀菌（*F. tricinctum*）

梨孢镰刀菌（*F. poae*）

5. 拟穗霉组（Spicarioides）

多隔镰刀菌（*F. decemcellulare*）

6. 直孢组（Arthrosporiella）

拟枝孢镰刀菌（*F. sporotrichioides*）

镰状镰刀菌（*F. fusarioides*）

〔粉红组〕（Roseum）

燕麦镰刀菌（*F. auenaceum*）

弯角镰刀菌（*F. camptoceras*）

半裸镰刀菌（*F. semitectum*）

半裸镰刀菌大孢变种（*F. semitectum* var. *majus*）

7. 嗜蚧组（Coccophilum）

孺孢镰刀菌（*F. larvarum*）

〔假微孢组及大孢组〕（Pseudomicrocera and Macroconia）

嗜蚧镰刀菌（*F. coccophilum*）

佐鲁亚镰刀菌（*F. juruanum*）

8. 砖红组（Lateritium）

砖红镰刀菌（*F. lateritium*）

砖红镰刀菌黄杨变种（*F. lateritium* var. *buxi*）

潮湿镰刀菌（*F. udum*）

束梗镰刀菌（*F. stilboides*）

棒状镰刀菌(*F. xylarioides*)

9. 李瑟组(Liseola)

串珠镰刀菌(*F. moniliforme*)

串珠镰刀菌胶孢变种(*F. moniliforme* var. *subglutinans*)

10. 美丽组(Elegans)

尖孢镰刀菌(*F. oxysporum*)

尖孢镰刀菌芬芳变种(*F. oxysporum* var. *redolens*)

11. 膨孢组(Gibbosum)

同色镰刀菌(*F. concolor*)

木贼镰刀蔼(*F. eguiseti*)

拟直孢镰刀菌(*F. arthrosporioides*)

锐顶镰刀菌(*F. acuminatum*)

12. 色变组(Discolor)

拟丝孢镰刀菌(*F. trichothecioides*)

绵腐镰刀菌(*F. buharicum*)

接骨木镰刀菌(*F. sambucinum*)

接骨木镰刀菌蓝色变种(*F. sambucinum* var. *coeruleun*)

黄色镰刀菌(*F. culmorum*)

异孢镰刀菌(*F. helerosporum*)

柔毛镰刀蔼(*F. flocciferum*)

硫色镰刀菌(*F. suiphureum*)

禾谷镰刀菌(*F. graminearum*)

附录Ⅱ:组的检索表

组的检索表

11.分离自或生长于其他真菌或昆虫体上　·······················　12

11.与真菌或昆虫无联系　·······················　蛛丝组（Arachniles）

12.分离自其他真菌或与真菌有联系·············　表球组（Episphaeria）

12.分离自介壳虫或与其有联系　·············　嗜蚧组（Coccophilum）

13.菌丝的厚垣孢子极少或没有,分生孢子直形,通常顶端有喙　·············

·······················　砖红组（Lateritium）

13.菌丝产生厚垣孢子,分生孢子弯曲　·······················　14

14.具有间生的厚垣孢子,没有顶生的厚垣孢子,分生孢子壁薄,顶端细胞常伸

长呈刺状,足细胞通常具梗　·············　膨孢组（Gibbosum）

14.通常具有间生和顶生的厚垣孢子,大型分生孢子壁厚,分隔清楚,纺锤形至

镰刀形,有喙状或纺锤状顶端细胞,足细胞不具梗　·······　色变组（Discolor）

附录Ⅲ:种的检索表

种的检索表

1. 培养 4 天后的菌落直径大于 2.5 cm ·· 2

1. 培养 4 天后的菌落直径小于 2.5 cm ·· 40

2. 明显的小型分生孢子一般较多 ·· 3

2. 没有明显的小型分生孢子,大型分生孢子的大小有明显的变化 ·········· 16

3. 小型分生孢子链状着生 ··· 4

3. 小型分生孢子非链状着生 ·· 5

4. 培养物胭脂红色 ························ 多隔镰刀菌(*F. decemcellulare*)

4. 培养物苍白、桃红色以至紫色 ··········· 串珠镰刀菌(*F. moniliforme*)

5. 小型分生孢子自单出瓶状小梗产生 ·· 6

5. 小型分生孢子自多出瓶状小梗产生或自多芽细胞产生 ·················· 14

6. 小型分生孢子椭圆形至卵圆形,培养物的色泽呈苍白、米色、蓝色至紫红或
棕色 ·· 7

6. 小型分生孢子近球形或棒状,培养物的色泽通常深红至无色 ············· 13

7. 小型分生孢子由发育良好的无色小型分生孢子梗形成,小型分生孢子椭圆形
至卵圆形 ·· 8

7. 小型分生孢子由侧生分生孢子梗产生,如通常成束的侧生瓶状小梗,分生孢
子纺锤形或不对称纺锤形至椭圆形 ·· 10

8. 小型分生孢子在幼培养中生长繁茂,大型分生孢子"马特(MarLiella)"型 ···
··· 茄类镰刀菌(*F. solani*)

8. 小型分生孢子在幼培养中生长稀疏,大型分生孢子"马特(fartiella)"型 ··· 9

9. 色泽缺乏或淡色,变为浅棕色,该种稀少,主要分布于新西兰或南半球 ·····
··· 迷惑镰刀菌(*F. illudens*)

9. 色泽深蓝,培养物黏质状,具有粘孢团的分生孢子梗座 ··················
···································· 茄类镰刀菌蓝色变种(*F. solani* var. *coeruleum*)

19. 分生孢子多样,自卵形、梨形至 3~5 个分隔,分生孢子两端尖 …………
…………………………………………… 弯角镰刀菌(*F. camptoceras*)

19. 分生孢子虽有时多样,但常呈纺锤形,足细胞楔形,培养物桃红色变为暗棕色 ………………………………………………………………………… 20

20. 新鲜培养物上分离的成熟分生孢子 17~35 μm×3.5 μm …………
…………………………………………… 半裸镰刀菌(*F. semitectum*)

20. 新鲜培养物上分离的成熟分生孢子 37~55 μm×4~6.5 μm …………
……………………… 半裸镰刀菌大孢变种(*F. semitectum* var. *majus*)

21. 培养物红色至棕红色 …………………………………………… 22

21. 培养物无红色至棕红色 ………………………………………… 23

22. 有厚垣孢子 ………………………… 锐顶镰刀菌(*F. acuminatum*)

22. 无厚垣孢子 ……………………… 拟直孢镰刀菌(*F. arthrosporioides*)

23. 分生孢子具宽的或楔形的足细胞 ……………………………… 24

23. 分生孢子具有梗的足细胞 ……………………………………… 25

24. 分生孢子楔形,具有楔形足细胞,3 分隔,24~48 μm×6~8 μm …………
…………………………………………… 腹状镰刀菌(*F. uentricosum*)

24. 分生孢子弯曲,倒卵形,32~47 μm×7~10 μm …………………
…………………………………………… 胀孢镰刀菌(*F. tumidum*)

25. 培养物淡粉红色至淡桃色 ……………… 异孢镰刀菌(*F. heterosporum*)

25. 培养物桃红色至米色,后变为深黄棕色,大型分生孢子的顶端细胞常伸长呈刺尖 ……………………………………… 木贼镰刀菌(*F. equiseti*)

26. 大型分生孢子直,顶端细胞弯曲或呈喙状 ……………………… 27

26. 大型分生孢子纺锤形,或显著的、背腹分明的,常具有明显弯曲的顶端细胞
…………………………………………………………………………… 31

27. 培养物胭脂红色 ………………………… 束梗镰刀菌(*F. stilboides*)

27. 培养物无胭脂红色 ……………………………………………… 28

28. 大型分生孢子通常不长于 55 μm …………………………… 29

28. 大型分生孢子一般长度超过 60 μm …………………………… 30

39. 培养物淡粉红色至米色,分生孢子大体一致,4～5 分隔,27～45 μm×4.5～5 μm ································· 同色镰刀菌(*F. concotor*)

39. 培养物桃红色变为棕色,分生孢子 3～4 隔,22～40 μm×3.5～4 μm ······

································· 硫色镰刀菌(*F. sulphureum*)

40. 在自然界中常生长在其他真菌子实体或介壳虫体上,或同它们有关 ······ 41

40. 在自然界中与其他真菌或介壳虫无关 ································· 52

41. 在自然界中常与核菌类真茸有关 ································· 42

41. 在自然界中同介壳虫有关 ································· 50

42. 小型分生孢子在开始阶段即存在 ································· 43

42. 小型分生孢子在开始阶段没有 ································· 45

43. 大型分生孢子分隔明显黄 ································· 杨镰刀菌(*F. buxicola*)

43. 大型分生孢子分隔明显或无 ································· 41

44. 培养物灰白至橙色,大型分生孢子 40～65 μm×3～4 μm ·················

································· 水生镰刀菌中型变种(*F. aquaeductuum* var. *medidm*)

44. 培养物绿色,大型分生孢子 25～50 μm×3～5 μm ·················

································· 黑绿镰刀菌(*F. elanochlorum*)

45. 大型分生孢子分隔明显 ································· 46

45. 大型分生孢子分隔明显或无分隔 ································· 48

46. 大型分生孢子具有 3 个或更多的分隔 ································· 47

46. 大型分生孢子具有 1 个分隔,15～45×3～3.5 μm ·················

································· 水生镰刀菌(*F. aquaeductuum*)

47. 生长于或分离自核菌类的球壳菌上;大型分生孢子长 60 μm ······ 49

47. 不生长于核菌类表球菌上;大型分生孢子短于 60 μm ·················

································· 节状镰刀菌(*F. merismoictes*)

48. 大型分生孢子 16～24 μm×3～4 μm ······ 大镰刀菌(*F. magnusiarta*)

48. 大型分生孢子 40～65 μm×3～4 μm ·················

································· 水生镰刀菌聚中型变种(*F. aquaeductuum* var. *medium* aggr.)

49. 大型分生孢子 70～120 μm×6～9 μm ······ 球壳镰刀菌(*F. sphaeriae*)

49. 大型分生孢子 135～200 μm×12.5～20 μm ········ 巨孢镰刀菌(*F. gigas*)

50. 分生孢子明显弯曲,长不超过 30 μm ·········· 蠕胞镰刀菌(*F. laruararum*)

50. 分生孢子镰刀形或近直筒形,长于 30 μm ················· 51

51. 分生孢子成堆时呈深橙色,6 ~ 10 分隔,80 ~ 100 μm×6 ~ 7 μm ··········

·· 嗜蚧镰刀菌(*F. coccophilum*)

51. 分生孢子成堆时呈苍白至米色,3 ~ 6 分隔,90 ~ 110 μm×3 ~ 5 μm ·········

·· 佐鲁亚镰刀菌(*F. juruanum*)

52. 生长率低于 0.5 cm ······························· 53

52. 生长率高于 0.5 cm ······························· 54

53. 大型分生孢子 30 ~ 50 μm ×3 ~ 5 μm ·············· 蕉斑镰刀菌(*F. stoueri*)

53. 大型分生孢子 12 ~ 16 μm×3 ~ 4 μm ·········· 烟草镰刀菌(*F. tabacinum*)

54. 菌丝中有厚垣孢子,分生孢子 20 ~ 25 μm×3 ~ 3.5 μm ··········

·· 单隔镰刀菌(*F. demerum*)

54. 无厚垣孢 ····································· 55

55. 分生孢子 15 ~ 30 μm×3 ~ 5 μm ·············· 雪腐镰刀菌(*F. niale*)

55. 分生孢子 30 ~ 45 μm×4 ~ 5μm (40 ~ 54 μm×4.5 μm) ··········

·· 节状镰刀菌(*F. meriomoldes*)

主要参考文献

[1] Abouziedmm, Azcona JI, Braselton WE, et al. Immunochemical assessment of mycotoxins in 1989 grain foods evidence for deoxynivalenol (vomitoxin) contamination[J]. Applied Environmental Microbiology, 1991, 57:672 - 677.

[2] Kawakami A, Kato N, Sasaya T, et al. Gibberella ear rot of corn caused by *Fusarium asiaticum* in Japan[J]. Journal of General Plant Pathology, 2015, 81:324 - 327.

[3] Alexander JV, Bourret JA, Gold AH, et al. Induction of chlamydospore formation by *Fusarium solani* in sterile soil extracts[J]. Phytopathology, 1966, 56: 353 - 354.

[4] Anderson AL. The development of *Gibberella zeae* head blight of wheat[J]. Phytopathology, 1948, 38: 595 - 611.

[5] Aoki T, O'Donnell K. Morphological and molecular characterization of *Fusarium pseudograminearum* sp. nov., formerly recognized as the group1 population of *F. graminearum*[J]. Mycologia, 1999, 91: 597 - 609.

[6] Appel O, Wollenweber HW. Grundlagen einer monographie der gattung Fusarium (Link) [M]. Berlin: Verlagsbuchhandlung Paul Parey, Julius Springer, 1911.

[7] Asai GN. Intra - and inter - regional movement of uredospores of black stem rust in the upper Mississippi river valley[J]. Phytopathology, 1960, 50(7): 535 - 541.

[8] Ashley JN, Hobbs BC, Raistrick H. Studies in the biochemistry of micro - organisms: The crystalline colouring matters of *Fusarium culmorum* (W. G.

Smith) Sacc. and related forms[J]. Biochemical Journal, 1937, 31(3):385 -397.

[9] Atanasoffd. Fusarium blight (scab) of wheat and cereals[J]. Journal of Agricultural Research, 1920, 20:1 - 32.

[10] Authur JC. Wheat Scab[J]. Ind Agri Exp Sta Bull, 1891, 36:129 - 132.

[11] Bakshi BK. seeding blight and foot rot of cereals caused by *Fusarium avenaceum*(Fr.) Sacc. and *Fusaviam Culmorum*(W. G. Sm.) sace. Indian Phytopahtology, 1951, 4: 162 - 169.

[12] Bartlett JT, Bainbridge A. Volumetric sampling of microorganisms in the atmosphere. In: Scott PR, Bainbridge A (eds) Plant Disease Epidemiology. Blackwell, Oxford, 1978:23.

[13] Bateman GL, Gutteridge RJ, Gherbawy Y, et al. Infection of stem bases and grains of winter wheat by *Fusarium culmorum* and *F. graminearum* and effects of tillage method and maize - stalk residues[J]. Plant Pathology, 2007, 56 (4): 604 - 615.

[14] Batikyan GG, Danielyan AK, Martirosyan SN, et al. The effects of atp and kinetin on the frequency of chromosome recombinations induced by X rays in seeds of crepis capillaris[J]. Biol Zh Arm, 1968, 21(7): 23 - 29.

[15] Benada J. Einige eigenschaften des orangeroten pigmentes des Schneeschimmels *Fusarium nivale* (Fr.) ces - undsein diagnostischer Wert [J]. Ceski Mykol., 1963, 17: 93 - 101.

[16] Bennett FT. On two species of *Fusarium culmorum* (W. G. Sm) Sacc. and *F. avenaceum* (Fr.) Sacc. as parasites of cereals[J]. Annual Applied Biology, 1928, 15: 213 - 214.

[17] Bessey AE. Über die Bedingungen der Farbbildung bei Fusarium [D]. Halle 1904.

[18] Bikmukhametova RN. Grasses in Bush Correa arid steppe zone is the host for *Fusarium avenaceum*. Trudy bashkir sel khoz Inst, 1963, 11: 19 - 22.

[19] Bilay Y, Cherkes OY, Bogmolova LO, et al. On toxicobiological properties on

fusaric acid[J]. Mikrobiol Zh, 1975.

[20] Binder EM, Tan LM, Chin LJ, et al. Worldwide occurrence of mycotoxins in commodities, feeds and feed ingredients[J]. Anim Feed Sci Tech, 2007, 137: 265 – 282.

[21] Bojarczukovva M, Bojarczuk J, Królikowski Z. Investigations on the influence of some spp. of soil fungi on the germination of maize seeds and growth of seedlings under cold test conditions[J]. Acta Mycologica, 1970, 6(1):29 – 42.

[22] Bojarczuk M, Tomaszewski Z. Hodowla Rosl Aklim Nassienn[J].1968, 12: 445 – 462.

[23] Boothc. The Genus Fusarium [M]. Commonwealth Mycological Institute. 1971.

[24] Bracken A, Raistrick H. Studies in the biochemistry of microorganisms; dehydrocarolic acid, a metabolic product of *Penicillium cinerascens* Biourge[J]. Biochemical Journal, 1947, 41(4):569 – 575.

[25] Brian PW, Dawkins AW, Grove JF, et al. Phytotoxic compounds produced by *Fusarium equiseti*[J]. Journal of Experimental Botany, 1961, 12(34):1 – 12.

[26] Brown W. On the germination and growth of fungi at various temperatures and in various concentrations of oxygen and of carbon dioxide[J]. Annals of Botany, 1922, 36(142):257 – 283.

[27] Burkard Manufacturing CO. Ltd. Burkard 7 – day Volumetric spore sampler http://www.burkard.co.uk/index.htm. Ricksmanworth, Hertfordshire, United Kingdom, 2001.

[28] Butler FC. Root and foot rot disease of wheat. Sci Bull Dep Agric. N. S. W, 1961, 77: 5 –97.

[29] Cappellini RA, Peterson JL. Macroconidium formation in submerged cultures by a non – sporulating strain of *Gibberella zeae*[J]. Mycologia, 1965, 57(6): 962 – 966.

［30］ Chinn SHF, Ledingham RJ. A laboratory method for testing the fungicidal effect of chemicals on fungal spres in the soil. Phytopathology, 1962, 52: 1041 – 1044.

［31］ Chiuy. A study of some isolates of Fusarium from cereal crops［D］. University of Nebraska, USA. 1950.

［32］ Chorin M, Joffe AZ. Fusarioses des fleurs et des fruits du Bananier en Israël ［J］. Journal Dagriculture Tropicale et De Botanique Appliquée, 1965, 12 (4):214 – 215.

［33］ Clarke JH. Studies on fungi in the root region: V. the antibiotic effects of root extracts of allium on some root surface fungi［J］. Plant & Soil, 1966, 25(1): 32 – 40.

［34］ Priode CN. Two hosts of the pokkah – bong disease other than sugarcane［J］. Phytopathology,1933,23:272 – 673.

［35］ Colhoun J, Park D. Fusarium, diseases of cereals: I. Infection of wheat plants, with particular reference to the effects of soil moisture and temperature on seedling infection［J］. Transactions of the British Mycological Society, 1964, 47(4):559 – 572.

［36］ Colhoun J, Taylor GS, Tomlinson R. *Fusarium*, diseases of cereals: II. Infection of seedlings by *F. Culmorum*, and *F. Avenaceum*, in relation to environmental factors［J］. Transactions of the British Mycological Society, 1968, 51(3):397 – 404.

［37］ Cook RJ. *Gibberella avenacea* sp. n. , perfect stage of *Fusarium roseum* f. sp. *cerealis* Avenaceum［J］. Phytopathology, 1967, 57(7):732 – 736.

［38］ Cormack MW. *Fusarium* sp. as root parasites of alfalfa and sweet clover in Alberta［J］. Canadian Journal of Research, 1937, 15:493 – 510.

［39］ Cormack MW. Varietal resistance of alfalfa and sweet clover to root and crown – rotting fungi in Alberta［J］. Sci Agric, 1942, 22: 775 – 786.

［40］ Cormack MW, Harper FR. Resistance in safflower to root rot and rust in Alberta［J］. Phytopathology, 1952, 42.

[41] Dalla RM, Diaz DP, Vasque ZD, et al. Improved resolution of nonsilica - based size - exclusion HPLC column for wheat flour protein analyses[J]. Cereal Chemistry, 2005, 82(82):287 - 289.

[42] Delponte EM, Fernandes JMC, Pierobom CR, et al. Fusarium head blight of wheat: epidemiological aspects and forecast models[J]. Fitopatologia Brasileira, 2004, 29(6):587 - 605.

[43] Detrixhe P, Buffet D, Chandelier A, et al. Development of an agro - meteorological model integrating leaf wetness duration estimation to assess risk of head blight infection of wheat[J]. Annals of Applied Biology, 2003, 68: 199 - 204.

[44] Dickson JG, Johann H, Wineland G. Second progress report on the Fusarium blight (scab) of wheat[J]. Phytopathology, 1921, 11: 35.

[45] Dickson, JG. Disease of Field Crops[M]. McGraw - Hill Book Co. , Inc. , New YorK, 1947, 429.

[46] Dillmacky R, Jones R. The effect of previous crop residues and tillage on Fusarium head blight on wheat[J]. Plant Disease, 2000, 84: 71 - 76.

[47] Dransfield M. , Chandrasrivongs C. Progress reports from experiment stations - Thailand, Season. Cotton Research Corporation, London. 1964, 5:14 - 16.

[48] Dufault NS, Dewolf ED, Lipps PE, et al. Role of temperature and moisture in the production and maturation of *Gibberella zeae* perithecia[J]. Plant Disease, 2006, 90(5):637 - 644.

[49] ED Wolf DE, LV Madden, PE Lipps. Risk assessment models for wheat fusarium head blight epidemics based on within - season weather data[J]. Phytopathology, 2003, 93(4):428.

[50] Fisher EE, Kellock AW, Wellington NAM. Toxic strain of *Fusarium culmorum* (W. G. Sm.) Sacc. from *Zea mays* L. associated with sickness in dairy cattle[J]. Nature, 1967, 215(5098):322 - 322.

[51] Focke I, Focke R. Prüfung der Fusarium - resistenz beim mais im embry-

onentest[J]. Der Züchter, 1963, 33(4):138 – 143.

[52] Foley DC. Sistemic infection of Corn by *Fusarium moliforme*[J]. 1962.

[53] Fries E. Summa Veg. Scand. 1849, 2: 481.

[54] Futrell MC, Webster OJ. *Fusarium* scab of sorghum in Nigeria[J]. Samaru Research Bulletin, 1967.

[55] Garrett SD. A comparison of cellulose – decomposing ability in five fungi causing cereal foot rots [J]. Transactions of the British Mycological Society, 1963, 46(4):572 – 576.

[56] Goidanich G, Ruggieri G. The Deuterophomaceae of Petri[J]. Annali Della Sperimentazione Agraria N S, 1947,1:431 – 438.

[57] Gordon WL. The occurrence of *Fusarium* species in Canada II. Prevalence and taxonomy of Fusarium species in cereal seed[J]. Canadian Journal of Botany, 1952, 30(2):209 – 251.

[58] Gordon WL. The occurrence of *Fusarium* species in Canada. IV. Taxonomy and prevalence of Fusarium species in the soil of cereal plots[J]. Canadian Journal of Botany, 1954, 34(6):833 – 846.

[59] Heaton JB. A foot rot disease of rice variety Blue Bonnet, in Northern Territory Australia, caused by *Fusarium moniliform* Sheldon[J]. Trop Sci, 1965, 7: 116 – 121.

[60] Hewett PD. A survey of seed – borne fungi of wheat: II. The incidence of common species of Fusarium[J]. Transactions of the British Mycological Society, 1967, 50(2):175 – 182.

[61] Hooker DC, Schaafsma A W, *Tamburicilincic* L. Using weather variables pre – and post – handling to predict deoxynivalenol content in winter wheat[J]. Plant Disease, 2002, 86(86):611 – 619.

[62] Hutter R, Keller – Schierlein W, Nuesch J, et al. Soff wechselproduktevon mikrooganismen Arch Mikrobiol, 1965, 51: 1 – 8.

[63] Hynesh J. Studies on Rhizoctonia root – rot of wheat and oats[J]. Nsw Department of Agriculture Scientific Bulletin, 1937.

[64] Joffe AZ. The mycoflora of a continuously cropped soil in Israel, with special reference to effects of manuring and fertilizing[J]. Mycologia, 1963, 55(3): 175 – 201.

[65] Joffe AZ, Palti J. The occurrence of Fusarium species in Israel. 1. A first list of Fusaria isolated from field crops[J]. Phytopathologia Mediterranea, 1964, 3(1):57 – 58.

[66] Joffe AZ, Palti J. *Fusarium equiseti* (Cda.) Sacc. in Israel. Isr. J. Bot. 1967, 16: 1 – 18.

[67] Johnson RR, Mcclure KE, Johnson LJ, et al. Corn plant maturity. 1. Changes in dry matter and protein distribution in corn plants[J]. Agronomy Journal, 1966, 58(2):151 – 153.

[68] Jones AL, Fisher PD, Pennypacker SP, et al. Instrumentation for in field disease prediction and fungicide timing[J]. Protection Ecology, 1980, 2(3): 215 – 218.

[69] Kang Z, Buchenauer H. Immunocyto chemical localization of cell wall – bound thionins and hydroxyproline – rich Glycoproteins infusarium culmorum – infected wheat spikes[J]. Journal of Phytopathology, 2003, 151(3): 120 – 129.

[70] Kingsland GC, Wernham CC. Variation in maize seedling blight symptoms with changes in pathogen species, isolate, and host genotype[J]. Plant Disease Reporter, 1960:496 – 497.

[71] Kudela V. Ochr Rost. , 1969, 5: 109 – 116.

[72] Kurosawa E. Experimental studies on the secretion of *Fusarium hetero sporum* on rice plants[J]. Trans. Nat Hist Soc. Formosa 1926, 16: 213 – 227.

[73] Lai P, Bruehl GW. Antagonism among *Cephalosporium gramineum*, *Trichoderma* spp. and *Fusarium culmorum*[J]. Phytopathology, 1968, 58(5):562 – 566.

[74] Lai P, Bruehl GW. Survival of *Cephalosporium gramineum* in naturally infested wheat straws in soil in the field and in the laboratory[J]. Phytopathology, 1966, 56: 213 – 218.

[75] Ledingham RJ, Chinn SHF. Effect of grasses on *Helminthosporium sativum* in soil[J]. Canadian Journal of Plant Science, 1964, 44(1):47 – 52.

[76] Leonard KJ, Bushnell WR, Leonard KJ, et al. *Fusarium* head blight of wheat and barley[M]. APS Press, USA. 2003.

[77] Leonian LH. Pathogenicity and the variability of *Fusarium moniliforme* from corn[M]. Bulletin Agricultural Experiment Station, College of Agriculture, West Virginia University,1932.

[78] Lewis JA, Papavizas GC. Effects of tannins on spore germination and growth of *Fusarium solani* f. *phaseoli* and *Verticillium albo – atrum*[J]. Canadian Journal of Microbiology, 1967, 13(12):1655.

[79] Lisina ES, Bekker ZE. Comparative antibiotic spectrum of griseofulvin and janthinellin on some bacterial actinomyces and fungi[J]. Antibiotiki, 1964, 9:1043.

[80] Maanen AV, Xu X M. Modelling plant disease epidemics[J]. European Journal of Plant Pathology, 2003, 109(7):669 – 682.

[81] Malalasekera RAP, Colhoun J. *Fusarium*, diseases of cereals: V. A technique for the examination of wheat seed infected with *Fusarium culmorum*[J]. Transactions of the British Mycological Society, 1969, 52(2):187 – 193.

[82] Martinovic M, Grujicic G. Influence of the nematode Pratylenchus on the expression and intensity of Fusarium wilt of *Dianthus caryophyllus*[C]. International Congress of Plant Protection (7th), Paris, Sept. 1970, 21 – 25.

[83] Martyn EB. A note on the foreshore vegetation in the neighbourhood of Georgetown, British Guiana, with especial reference to Spartina Brasiliensis [J]. Journal of Ecology, 1934, 22(1):292 – 298.

[84] Messiaen CM, Mas P, Beyries A, et al. Recherches sur lecologie des champignons parasites dans le sol. A. lyse mycelienne et formes de conservation dans le sol chez les 'Fusarium',Annls Epiphyt, 1965, 16: 107 – 128.

[85] Mcknight T, Hart J. Some field observations on crown rot disease of wheat caused by *Fusarium graminearum*[J]. Queensland Journal of Agricultural and

Animal Sciences,1966, 23: 373 – 378.

[86] Miller JD, Young JC, Trenholm HL. Fusarium toxins in field corn. I. Time course of fungal growth and production of deoxynivalenol and other mycotoxins [J]. Canadian Journal of Botany, 1983, 61(12):3080 – 3087.

[87] Mirocha CJ, Christensen CM, Nelson GH. Estrogenic metabolite produced by *Fusarium graminearum* in stored corn[J]. Applied Microbiology, 1967, 15 (3):497.

[88] Moschini RC, Fortugno C. Predicting wheat head blight incidence using models based on meteorological factors in Pergamino, Argentina[J]. European Journal of Plant Pathology, 1996, 102(3):211 –218.

[89] Moschini RC, Ploli R, Carmona M, et al. Empirical predictions of wheat head blight in the Northern Argentinean Pampas Region[J]. Crop Science, 2001, 41(41):1541 – 1545.

[90] Vinson LJ, Cerecedo LK, Mull RP, Nord FF. The nutritive value of Fusaria [J]. Science,1945,101(2624):388 – 389.

[91] Nash SM, Snyder WC. Quantitative estimations by plate counts of propagules of the bean root rot Fusarium in field soils[J]. Phytopathology, 1962, 52 (6):567 –572.

[92] Nisikado Y, Matsumoto H, Yamautik. Reports on the physiological specialization of Fusarium. I. On the differenciation of the pathogenecity among the strains of rice – "Bakanae" – Fungus[J]. Berichte Des Ohara Instituts Für Landwirtschaftliche Forschungen, 1933, 6:113 – 130.

[93] Noble M, Richardson MJ. An annoted list of seed – borne diseases[M]. Phytopath Pap, 1968, p191.

[94] O'donnellk, Wardtj, Geiserdm, et al. Genealogical concordance between the mating type locus and seven other nuclear genes supports formal recognition of nine phylogenetically distinct species within the *Fusarium graminearum* clade [J]. Fungal Genetics & Biology, 2004, 41(6):600 – 623.

[95] Pacin AM, Resnik SL, Neira MS, et al. Natural occurrence of deoxynivalenol

in wheat, wheat flour and bakery products in Argentina[J]. Food Additives & Contaminants, 1997, 14(4):327.

[96] Pedziwilk Z. Mycolytic properties of some soil bacteria[J]. Acta Microbiologica Polonica, 1967, 16(2):145.

[97] Pereyra SA, Dillmacky R, Sims AL. Survival and inoculum production of *Gibberella zeae* in wheat residue[J]. Plant Disease, 2004, 88(7):724.

[98] Petch T. New and rare Yorkshire fungi[J]. Naturalist, 1936:57~60.

[99] Phinney BO, West CA, Ritzelm, et al. Evidence for "Gibberellin – like" sbustances from flowering plants[J]. Proceedings of the National Academy of Sciences of the United States of America, 1957, 43(5):398 – 404.

[100] Pidoplichko NM, Moskovets VS, Zhdanova NN, et al., Influence of some fungi from the maize rhizosphere on the growth of its seedlings. In:Macura J, Vancura V(ed.). Plant Microbes Relationships. 200 – 227. Czechosl. Acad. Sci. Praha,1960.

[101] Placinta CMD, Mello JPF, Macdonald AMC. A review of world wide contamination of cereal grains and animal feed with Fusarium mycotoxins[J]. Animal Feed Science and Technology, 1999, 78: 21 –37.

[102] Popescuv. Lucr stint Inst agron [J]. Cluj Ser. Agric. , 1966, 22: 237 –245.

[103] Pugh GW, Johann H, Dickson JG. Factors affecting infection of wheat heads by *Gibberella saubiuetii*[J]. Journal of Agriculture Research, 1933, 46: 771 –797.

[104] Purss GS. The relationship between strains of *Fusarium graminearum* schwabe causing crown rot of various gramineous hosts and stalk rot of maize in Queensland[J]. Australian Journal of Agricultural Research, 1969, 20(2): 257 –264.

[105] Qureshi AA, Page OT. Observations on chlamydospore production by Fusarium in a two – salt solution[J]. Canadian Journal of Microbiology, 1970, 16 (1):29.

[106] Rademacher B. Wirkt Unkrautbesatz hemmend auf das Auftreten von Frucht-folgekrankheiten [J]. Zeitschrift Für Pflanzenkrankheiten Und Pflanzens-chutz, 1966, 73(1/2):40 – 46.

[107] Radulescu E, Negru A. Contribution to the study of the mycoflora of the seed coat of germinating Seeds[J]. Probleme Agric, 1965, 17: 37 – 42.

[108] Rintelen J. Phytopath Z, Untersuchungen zur Fusarium stengelfaule an reif-enden Maispflanzen in Suddeutschland[J]. 1967a, 60: 141 – 168.

[109] Rintelenj. Die Häufigkeit von Fusarien in Ackerböden mit Mais – starken und Mais – armen Fruchtfolgen [J]. Zeitschrift Für Pflanzenkrankheiten Und Pflanzenschutz, 1967, 74(11/12):664 – 666.

[110] Rossi V, Ravanetti A, Pattori E, et al. Influence of temperature and humidi-ty on the infection of wheat spikes by some fungi causing Fusarium head blight[J]. Journal of Plant Pathology, 2001, 83: 189 – 198.

[111] Rubin AB, Krendeleva TE, Korshunova VS, et al. Relation between absorp-tion changes at 520 millimicrons and primary photosynthetic processes in higher plants[J]. Biokhimiia, 1968, 33(6):1232.

[112] Sawada K. The disease of crops in Taiwan[M]. Formosan Agricultural Re-view. 1912.

[113] Schaafsma AW, Hooker DC, Baute TS, et al. Effect of Bt – corn hybrids on deoxynivalenol content in grain at harvest [J]. Plant Disease, 2007, 86 (10):1123 – 1126.

[114] Schillng AG, Miedaner T, Geiger HH. Molecular variation and genetic struc-ture in field populations of Fusarium species causing head blight in wheat [J]. Cereal Research Communications, 1997, 25: 549 – 554.

[115] Schmidt VV. Diseases of kendir fibre and ambari hemp. (from the report for 1931 of the SANIS station of the institute for New Fibres)[J]. Diseases and pests of new cultivated textile plants. 1933.

[116] Schneider R. Untersuchungen über Variabilität und Taxonomie von *Fusarium avenaceum*, (Fr.) Sacc[J]. Journal of Phytopathology, 1958, 32(1):95

- 126.

[117] Schollenberger M, Muller HM, Rufle M, et al. Survey of *Fusarium* toxins in food stuffs of plant origin marketed in Germany[J]. International Journal of Food Microbiology, 2005, 97: 317 – 326

[118] Schroeder HW, Christensen JJ. Factors affecting resistance of wheat to scab caused by *Gibberella zeae*[J]. Phytopathology, 1963, 53: 831 – 838.

[119] Sebek OK. Physiological properties of Fusarium lycopersici and F. vasinfectum [J]. Phytopathology, 1952, 42: 119 – 122.

[120] Shear CL, Stevens NE. *Sphaeria zeae* (*Diplodia zeae*) and confused species [J]. Mycologia, 1935, 27(5): 467 – 477.

[121] Sherbakoff CD. Fusaria of Potatoes[M]. New York: Itnaca, 1915.

[122] Spector WG. Textbook of Pathology[M]. British Medical Jouranal. 1965, 2: 517 – 763.

[123] Stodola FH, Nelson GE, Spence DJ. The separation of gibberellin A and gibberellic acid on buffered partition columns[J]. Archives of Biochemistry & Biophysics, 1957, 66(2): 438 – 443.

[124] Summanwar AS, Raychaudhuri SP, Phatak SC. Association of the fungus Fusarium moniliforme with the malformation in mango (*Mangifera indica* L.). Indian Phytopathology, 1966, 19: 227 – 228.

[125] Sutton JC. Epidemiology of wheat head blight and maize ear rot caused by *Fusarium graminearum*[J]. Canadian Journal of Plant Pathology, 1982, 4 (2): 195 – 209.

[126] Tuc. Physiologic specialization in *Fusarium* spp. causing headblight of small grains[J]. Phytopathology, 1930, 19(2): 143 – 154.

[127] Tupenevitch SM, Butylina MVI, Lissitzina MML, et al. Evaluation of spring wheat varieties for resistance to Fusarium – induced diseases[J]. Summ. Sci. Res. Wk Inst. Pl. Prol. Leningr, 1935, 139 – 141.

[128] Tupenvich SM, Shirko VN. Bull Appl Bot Pl Breed, 1962, 34: 115 – 123.

[129] Ullstrup AJ. A nonpigmented form of *Gibberella roseum*forma cerealis on corn

in Indiana[J]. Mycologia, 1964, 56(1):110 - 113.

[130] Velikovsky V. Influence of provenance and size of cereal seed on the yielding ability of crop stands[M]. Wissenschaftliche Beitrage, Martin - Luther - Universitat Halle - Wittenberg, 1980:368 - 385.

[131] Winelandgo. An ascigerous stage and synonomy for *Fusarium moniliforme* [J]. Journal of Agricultural Research, 1924, 28(1):909 - 922.

[132] Wollenweber HW, Reinking O. Die Fusarien[M]. Die Fusarien, Berlin: Paul Parey. 1935, 355.

[133] Wollenweber HW. *Fusarium* - Monographie[J]. Zeitschrift Für Parasiten- kunde, 1931, 3(3):269 - 516.

[134] Xiao Ping HU, Laurence V M, Simon E, et al. Combining models is more likely to give better predictions than single models[J]. Phytopathology, 2015, 105(9):1174 - 82.

[135] Xu X M, Nicholoson P. Community ecology of fungal pathogens causing wheat head blight[J]. Annual Review of Phytopathology, 2009, 47: 83 - 103.

[136] Xu X M. Effects of environmental conditions on the development of Fusarium ear blight[J]. European Journal of Plant Pathology, 2003, 109(7): 683 - 689.

[137] Yabuta T, Hayashi T. Biochemical studies on "Bakanae"Fungus,part Ⅱ. Iso- lation of Gibberellin the active principle which makes the rice seedlings grow slenderly[J]. J Agric Chem Soc Japan, 1939, 15: 257 - 266.

[138] Zhang J B, Li H P, Dang F J, et al. Determination of the trichothecene my- cotoxin chemotypes and associated geographical distribution and phylogenetic species of the *Fusarium graminearum* clade from China[J]. Mycological Re- search, 2007, 111(8): 967.

[139] 程玲娟, 胡荣利, 祝树德, 等. 宿迁市小麦赤霉病大流行特点及其原因分析[J]. 中国植保导刊, 2012, 32(12): 21 - 24.

[140] 仇元. 小麦赤霉病[M]. 上海:中华书局. 1952.

［141］樊平声. 小麦赤霉病和 DON 毒素研究进展［J］. 江苏农业科学，2010，5：182－184.

［142］范仰东，张正书，廖薇薇. 小麦赤霉病流行程度中长期预报探讨［J］. 植物保护，1985，11（4）：4－6.

［143］冯成玉，张光旺. 湿段天气在小麦赤霉病定量预报中的应用［J］. 植物保护学报，1998，25（3）：231－234.

［144］高崎，登美雄，何锦豪. 利用气象预测麦类赤霉病的发生［J］. 麦类作物学报，1984，2：22.

［145］高士秀. 麦类赤霉病发生的气候条件［J］. 上海农业科技，1980，2：5－7，28.

［146］胡小平，刘常宏，商鸿生. 小麦品种对赤霉病的慢病性研究［J］. 西北农业学报，2003，12（1）：118－120.

［147］黄渭浒. 湿积温在小麦赤霉病流行预测及防治决策中的应用［J］. 植物保护，1988，14（6）：5－7.

［148］金华地区农科所. 电动孢子捕捉器简介［J］. 今日科技，1976，17：23－24.

［149］井上成信，高须谦一. 麦类赤霉病子囊孢子的飞散与气象［J］. 农学研究，1959，46（4）：164－179.

［150］井上成信. 小麦赤霉病初次发生的传染机制及其环境条件研究－子囊壳吸水与子囊孢子释放的关系［J］. 农学研究，1963，50（6）：159－166.

［151］居为民，高苹，武金岗. 太湖地区小麦赤霉病与 ENSO 事件之关系及其预报［J］. 科技通报，2001，17（3）：22－26.

［152］康振生，布赫乃尔. 小麦赤霉病的细胞学和分子细胞学研究［C］中国植物病理学会代表大会暨学术研讨会. 2002.

［153］孔宪宏. 小麦赤霉病发生条件和防治措施［J］. 黑龙江农业科学，1985，1：9－60.

［154］拉依洛. 镰刀菌［M］. 1950（俄文），1958（中文），北京：科学出版社，1958.

［155］李光博，曾士迈，李振歧. 小麦病虫草鼠害综合治理［M］. 北京：中国农

业科技出版社，1990.

[156] 李汉卿，傅纯彦. 黑龙江省小麦赤霉病初步研究[J]. 植物保护学报，1964，3(3):225-232.

[157] 李金锁. 小麦赤霉病综合预报方法初探[J]. 中国植保导刊，1990，(1):62-63.

[158] 梁训义. 小麦品种抗赤霉病性与药剂防治关系的研究[J]. 浙江农业大学学报，1990，16(增刊):122-127.

[159] 刘惕若，欧连耀. 关于东北小麦赤霉病的几个问题[J]. 植病知识，1960，4(6):124-126.

[160] 刘惕若，薛国兴，张匀华. 小麦品种对赤霉病的抗性与抗病害扩展能力的研究[J]. 植物病理学报，1988，18(2):113-118.

[161] 刘惕若，郑莲枝，孙淑琴，等. 黑龙江省小麦赤霉病流行规律与予测方法研究[J]. 黑龙江八一农垦大学学报，1984，(1):1-13.

[162] 刘万才，刘杰，钟天润. 新型测报工具研发应用进展与发展建议[J]. 中国植保导刊，2015，35(8):40-42.

[163] 刘万才，武向文，任宝珍，等.美国的农作物病虫害数字化监测预警建设[J]. 中国植保导刊，2010，30(8):51-54.

[164] 刘万才，张跃进，马重富，等.佳多自动虫情测报灯的研制与应用研究初报[J].植保技术与推广，2001，21(11):18-20.

[165] 刘馨. 小麦赤霉病菌麦角甾醇生物合成途径中关键基因的功能研究[D]. 杭州:浙江大学. 2012.

[166] 刘宗镇，汪志远，赵文俊，等. 我国改良小麦品种抗赤霉病性的来源与抗赤霉病性改良中的问题[J].中国农业科学，1992，25(4):47-52.

[167] 龙玲，刘红梅，李丹，等. 比利时马铃薯晚疫病监测预警模型在贵州省威宁县的应用[J]. 中国马铃薯，2013，27(1):48-52.

[168] 商鸿生，井金学，张文军. 关中麦区小麦赤霉病流行分区研究[J]. 植物保护学报，1999，26(1):40-44.

[169] 商鸿生，王树权，井金学. 关中灌区小麦赤霉病流行因素分析[J]. 中国农业科学，1987，20(5):71-75.

[170] 商鸿生，王树权，陆和平. 陕西关中小麦赤霉病发生规律的研究[J]. 西北农学学报，1980,3：27-36.

[171] 上田进. 麦类赤霉病子囊孢子捕捉数与发病的关系[J]. 农业及园艺，1973，48(4)：843-844.

[172] 宋焕增. 应用子囊壳发育进度测报麦类赤霉病的研究[J]. 上海农业科技，1979，2：8-11.

[173] 孙道杰，张玲丽，冯毅，等. 西农系列小麦骨干新品种赤霉病抗源浅析[J]. 麦类作物学报，2016，36(6)：822-823.

[174] 汤志成，居为民. 江苏省小麦赤霉病预报的气象模式[J]. 植物保护学报，1990，17(1)：73-78.

[175] 唐建锋，苏跃，焦明姚，等. 贵州省马铃薯晚疫病数字化监测预警系统建设与应用[J]. 耕作与栽培，2014，(5)：47-48.

[176] 王贵生，薛玉，高军，等. 佳多虫情测报灯与黑光灯诱测数据对比转化关系初探[J]. 中国植保导刊，2006，26(10)：32-34.

[177] 王如松，兰仲雄，丁岩钦. 昆虫发育速率与温度关系的数学模型研究[J]. 生态学报，1982，2(1)：49-59.

[178] 王树权，商鸿生，井金学. 旱地麦田禾谷镰孢土壤带菌研究[J]. 西北农业大学学报，1991，2：32-37.

[179] 王筱娟，刘邦杰，高宇人. 麦类赤霉病菌量与病害流行关系的初步研究[J]. 江苏农业科学，1980，2：38-41.

[180] 王雅平，吴兆苏，刘伊强. 小麦抗赤霉病性的生化研究及其机制的探讨[J]. 作物学报，1994，20(3)：327-333.

[181] 王裕中，Miller JD. 中国小麦赤霉病菌优势种——禾谷镰刀菌产毒素能力的研究[J]. 真菌学报，1994,13(3)：229-234.

[182] 王裕中，陈怀谷，杨新宁. 禾谷镰刀菌粗毒素的生物活性及其在小麦品种抗赤霉病性鉴定中的应用[J]. 中国农业科学，1989，22(4)：54-57.

[183] 王裕中，杨新宁，肖庆璞. 小麦赤霉病抗性鉴定技术的改进及其抗源的开拓[J]. 中国农业科学，1982，15(5)：67-77.

[184] 吴治身. 关于上海地区麦类赤霉病菌在稻田中存活问题的研究[J]. 植物保护学报, 1980, 7(2): 89-92.

[185] 夏禹甸, 肖庆璞, 高传勋. 小麦赤霉病发生规律的研究: I. 病菌孢子发生传播及雨湿对于病害的关系[J]. 植物病理学报, 1956, 2(2): 187-200.

[186] 谢开云, 车兴壁, Christian Ducatillon, 等. 比利时马铃薯晚疫病预警系统及其在我国的应用[J]. 中国马铃薯, 2001, 2: 67-72.

[187] 谢益书. 宁夏引黄灌区小麦赤霉病流行因素分析[J]. 农业科学研究, 1993, 14(3): 10-15.

[188] 徐朗莱, 叶茂炳, 徐雍皋. 过氧化物酶及其同工酶与小麦抗赤霉病性的关系[J]. 植物病理学报, 1991, 21(4): 285-290.

[189] 徐雍皋, 方中达. 玉蜀黍赤霉对小麦品种致病力的测定方法和致病力的分化[J]. 植物病理学报, 1982, 12(4): 53-57.

[190] 严际森. 阳新农场小麦赤霉病为害情况[J]. 湖北农学院通讯, 1951, 1(8): 2-6.

[191] 杨世基. 英国农业科技新闻[J]. 世界农业, 1984, (1): 4-55.

[192] 姚彩文, 赵圣菊, 杨素钦. 厄尔尼诺现象与小麦赤霉病流行初探[J]. 中国植保导刊, 1988, 1: 60-62.

[193] 姚泉洪, 曾以申. 抗病小麦对脱氧雪腐镰刀菌烯醇的脱毒及产物的生物活性[J]. 真菌学报, 1996, 15(1): 59-64.

[194] 叶华智. 小麦赤霉菌有性阶段的生物学特性研究[J]. 植物保护学报, 1980, 7(1): 35-42.

[195] 余毓君, 廖玉才. 小麦品种对赤霉病抗扩展类型抗性组分的探索分析[J]. 作物学报, 1988, 14(3): 194-201.

[196] 喻璋, 刘庆元, 陈志申, 等. 河南省洛宁县小麦赤霉病流行规律的初步研究[J]. 河南农业大学学报, 1986, 20(2): 147-153.

[197] 袁冬贞, 崔章静, 杨桦, 等. 基于物联网的小麦赤霉病自动监测预警系统应用效果[J]. 中国植保导刊, 2017, 37(1): 46-51.

[198] 曾娟, 姜玉英. 2012年我国小麦赤霉病爆发原因分析及持续监控与治理

对策[J].中国植保导刊,2013,33(4):38-41.

[199] 曾士迈,张万义,肖悦岩.小麦条锈病的电算模拟研究初报—春季流行的一个简要模型[J].中国农业大学学报,1981,14(3):1-12.

[200] 张汉琳.气象因素与麦类赤霉病群体流行波动的研究[J].气象学报,1987,45(3):338-345.

[201] 张华旦.水盘琼脂培养法捕捉孢子预测小麦赤霉病[J].浙江农业科学,1984,2:61-62.

[202] 张建明.小麦赤霉病测报技术探讨[J].中国植保导刊,2012,32(1):45-46.

[203] 张平平,宋金东,冯小军,等.关中麦田产壳玉米秸秆密度与小麦赤霉病穗率的关系[J].麦类作物学报,2015,35(7):1022-1028.

[204] 张平平.关中地区小麦赤霉病预测系统[D].杨凌:西北农林科技大学.2015.

[205] 张文军.小麦赤霉病流行模拟与药剂防治决策系统研究[D].杨凌:西北农业大学.1992.

[206] 张心明,周丽花,杨海燕,等.2016年太仓市小麦赤霉病大流行原因分析与防治药剂药效评价及防控对策初探[J].上海农业科技,2017,1:106-108.

[207] 张跃进,吴立峰,刘万才,等.加快现代化植保技术体系建设的对策研究[J].植物保护,2013,39(5):1-8.

[208] 张匀华,刘惕若.春小麦赤霉病流行规律的进一步研究[J].现代化农业,1990,10:23-24.

[209] 赵圣菊,姚彩文,霍治国.我国小麦赤霉病地域分布的气候分区[J].中国农业科学,1991,24(1):60-66.

[210] 赵圣菊,姚彩文.小麦赤霉病流行程度海温预报模式的研究[J].植物病理学报,1989,19(4):229-234.

[211] 中国农业科学院华东农业研究所.麦类赤霉病的研究现状和防治措施[J].植病知识,1958,2(4):234-239.

[212] 周华月.用三月下旬子囊孢子捕捉数预测小麦赤霉病[J].植物保护,

1983，2：23.

[213] 周世明，吴蔚，吕云华.小麦赤霉病菌空中孢子捕捉技术在流行预测上的应用[J].病虫测报，1989，1：45－46.

[214] 周元，李轩，高苹，等.基于GIS的小麦赤霉病气象等级预报系统的设计与实现[J].气象科技，2011，39(3)：379－384.

[215] 朱凤美.麦类病害识别及其防治[J].中华农学会报，1935，156：1－46.

[216] 左豫虎，郑莲枝，张匀华，等.黑龙江省春小麦赤霉病流行的预测方法[J].植物保护学报，1995，22(4)：297－302.